特色皱皮甜瓜

白皮厚皮甜瓜

薄皮甜瓜

深网纹甜瓜

小果型网纹甜瓜

风味甜瓜——京蜜24

硬脆肉哈密瓜

西班牙蜜瓜

阿鲁斯

白流星

春大棚甜瓜定植期

春大棚栽培

日光温室栽培

春大棚基质栽培

甜瓜基质化栽培

厚皮甜瓜基质栽培

日光温室基质栽培

网纹甜瓜坐果期

网纹甜瓜吊挂钩

网纹甜瓜温室吊蔓栽培

水肥一体化系统

网纹甜瓜纸帽

成熟期网纹甜瓜

成熟期裂瓜

"裂网"初期

"裂网"发生期

网纹甜瓜采收

哈密瓜采收

特色作物高质量生产技术丛书

设施甜瓜新品种及绿色轻简化
栽培技术

攸学松　张　莹　徐　进　主编

中国农业出版社

北　京

前　言

　　甜瓜（*Cucumis melo* L.）属葫芦科黄瓜属一年生蔓性草本植物，别名香瓜。因具有独特的芳香气味，富含大量的可溶性糖、有机酸以及维生素 C 等物质，在世界各地普遍栽培，是世界十大水果之一。

　　2022 年，我国甜瓜种植面积 38.66 万公顷，总产量达到 1 377.1 万吨，面积和产量均居世界首位。同时，我国也是世界甜瓜的消费大国。2018 年中国甜瓜人均消费 8.5 千克，是世界平均水平的 2.4 倍，是国外平均水平的 3.6 倍。

　　甜瓜类型丰富多样。根据生态学特征，我国通常把甜瓜分为薄皮甜瓜和厚皮甜瓜。薄皮甜瓜，皮薄可以食用，果实肉质松脆或者软面，香味浓郁，深受国人喜爱。厚皮甜瓜，果皮较厚不可食用，具有果肉厚、种腔小、甜度高、风味足、货架期长的优势，占据了甜瓜消费的主流市场。厚皮甜瓜按果皮、果形和肉质可分为光皮类型、哈密瓜类型和网纹类型。光皮类型果皮光滑均匀，果形高圆或椭圆，果皮颜色鲜艳，肉质软糯或细脆。哈密瓜类型果形椭圆，果皮金黄色或底色浅绿，果面有密网纹，肉质酥脆、紧脆。网纹类型果形正圆，按网纹粗细又可以分为粗网纹和细网纹两种类型，以粗网纹商品性更佳，果肉以软糯为主，果肉红色或黄绿色，红色类型通常具有麝香味。

　　甜瓜设施栽培具有上市早、易管理和品质好的优点，近年来随着农业结构调整，在甜瓜生产中所占的比例逐年提高，已经成为当前甜瓜生产的主要栽培模式。同时，随着人们对甜瓜商品品质、营养品质和感官品质的要求日益提高，优质特色新品种以及绿色标准化、轻简化栽培技术推广成为当前及今后一段时间甜瓜产业发展重要趋势。设施甜瓜的生产为产业发展、农民增收以及丰富市民美好生活增添动力。

本书在吸收借鉴国内外生产技术的同时，结合编者自身工作经验，系统地介绍了我国当前甜瓜生产现状、优新品种、关键栽培技术、轻简化栽培设施与设备、主要茬口优质高效栽培模式等内容，图文并茂，对于设施甜瓜生产具有较强的指导性和实用性。

需要特别说明的是，本书所提及的农药、化肥施用浓度和使用量，会因作物种类和品种、生长时期以及产地生态环境条件的差异而有一定的变化，故仅供读者参考。建议读者在实际应用前，仔细参阅所购产品的使用说明书，或咨询当地农业技术服务部门，做到科学合理用药用肥。

由于作者水平有限，书中疏漏之处在所难免，敬请广大读者朋友批评指正。在成书过程中，参阅和借鉴了诸多文献、报刊及研究资料，因体量所限，难以一一列举，在此谨对原作者表示谢意。

编　者
2024 年 10 月

目 录

前言

第一部分 甜瓜的发展与展望 ……………………………… 1

一、甜瓜发展的历史沿革 ………………………………………… 1

  （一）历史中的甜瓜起源 ……………………………………… 1

  （二）全基因组揭秘甜瓜起源 ……………………………… 2

二、国内外甜瓜的发展现状 …………………………………… 2

  （一）国外甜瓜生产情况 ……………………………………… 2

  （二）我国甜瓜种植面积 ……………………………………… 2

  （三）我国甜瓜种植分布情况 ……………………………… 3

  （四）北京地区甜瓜生产情况 ……………………………… 3

三、甜瓜的发展趋势与展望 …………………………………… 4

第二部分 甜瓜优新品种及栽培特性 ……………………… 6

一、甜瓜优新品种 ………………………………………………… 6

  （一）薄皮甜瓜品种 …………………………………………… 6

  （二）厚皮甜瓜品种 …………………………………………… 8

  （三）特色类型甜瓜品种 …………………………………… 13

二、甜瓜的生物学特性 ………………………………………… 14

  （一）甜瓜的形态特征 ……………………………………… 14

  （二）甜瓜的生育特性 ……………………………………… 16

  （三）甜瓜对环境条件的要求 …………………………… 17

三、甜瓜的生产设施 …………………………………………… 18

  （一）塑料大棚 ………………………………………………… 18

  （二）日光温室 ………………………………………………… 20

第三部分 甜瓜关键栽培技术 …… 23

一、集约化育苗技术 …… 23
（一）种子处理 …… 23
（二）播种 …… 24
（三）嫁接技术 …… 25
（四）砧木选择 …… 27
（五）嫁接苗管理 …… 28
（六）定植 …… 29
（七）苗期调控 …… 30

二、病虫害绿色防控 …… 30
（一）土壤消毒技术 …… 30
（二）抗重茬菌剂的应用 …… 33
（三）信息素诱杀 …… 34
（四）天敌昆虫防治害虫技术 …… 35
（五）生物农药的应用 …… 38

三、水肥管理 …… 40
（一）甜瓜水肥需求特点及要求 …… 40
（二）肥料选择 …… 41
（三）水肥一体化技术 …… 41
（四）智能灌溉技术 …… 42

四、授粉及成熟期管理 …… 43
（一）授粉期管理 …… 43
（二）坐瓜期管理 …… 45
（三）瓜面网纹形成期管理 …… 46
（四）防裂瓜管理 …… 46

第四部分 轻简化栽培技术与设备 …… 48

一、耕整地工艺与设备 …… 48
（一）深翻旋耕机 …… 48
（二）起垄覆膜机 …… 48

二、定植工艺与设备 …… 49
（一）双行幼苗移栽机 …… 49
（二）单行幼苗移栽机 …… 49

三、施肥工艺与设备 …… 50

（一）履带自走式撒肥机 ……………………………………… 50

（二）轮式有机肥撒施机 ……………………………………… 50

（三）开沟施肥机 ……………………………………………… 50

（四）水肥一体化设备 ………………………………………… 51

四、 育苗及栽培技术和设备 ……………………………………… 51

（一）种子消毒技术 …………………………………………… 51

（二）集约化育苗设施与设备 ………………………………… 52

（三）LED 补光灯 ……………………………………………… 53

（四）基质化栽培技术 ………………………………………… 53

（五）蜜蜂授粉 ………………………………………………… 57

五、 环境调控设施设备 …………………………………………… 59

（一）自动卷帘机 ……………………………………………… 59

（二）顶放风塑料大棚 ………………………………………… 59

（三）智能放风（卷膜）机 …………………………………… 59

（四）温室除湿系统 …………………………………………… 60

（五）电动外遮阳系统 ………………………………………… 60

六、 肥水灌溉设施设备 …………………………………………… 61

（一）节水灌溉设施 …………………………………………… 61

（二）轻简式施肥设备 ………………………………………… 63

（三）水肥一体机 ……………………………………………… 65

七、 病虫害防控工艺与设备 ……………………………………… 66

（一）植保工艺与装备 ………………………………………… 66

（二）高效施药技术 …………………………………………… 67

（三）硫黄熏蒸器 ……………………………………………… 68

（四）全程绿色防控技术 ……………………………………… 68

八、 产后设备 ……………………………………………………… 73

（一）采运工艺与装备 ………………………………………… 73

（二）废弃物处理工艺与装备 ………………………………… 74

（三）分级分选工艺与装备 …………………………………… 74

第五部分 主要茬口优质高效栽培技术 ………………………… 75

一、 日光温室厚皮甜瓜优质高效栽培技术 …………………… 75

（一）品种选择 ………………………………………………… 75

（二）培育壮苗 ………………………………………………… 75

（三）种子处理 ………………………………………………… 75

（四）播种 ……………………………………………………… 76

（五）苗期管理 ………………………………………………… 76

（六）施肥与定植 ……………………………………………… 76

（七）田间管理 ………………………………………………… 77

（八）水肥管理 ………………………………………………… 77

（九）植株调整 ………………………………………………… 77

（十）授粉 ……………………………………………………… 77

（十一）病虫害绿色防控 ……………………………………… 77

（十二）成熟采收 ……………………………………………… 78

二、日光温室网纹甜瓜优质高效栽培技术 ………………… 78

（一）品种选择 ………………………………………………… 78

（二）播种、育苗 ……………………………………………… 78

（三）整地做畦 ………………………………………………… 78

（四）定植 ……………………………………………………… 79

（五）田间管理 ………………………………………………… 79

（六）病虫害防治 ……………………………………………… 80

（七）适时采收 ………………………………………………… 80

三、春大棚薄皮甜瓜优质高效栽培技术 …………………… 81

（一）品种选择 ………………………………………………… 81

（二）整地施肥 ………………………………………………… 81

（三）适时育苗 ………………………………………………… 81

（四）合理定植 ………………………………………………… 81

（五）田间管理 ………………………………………………… 82

（六）适时采收 ………………………………………………… 83

四、日光温室草莓甜瓜高效套种栽培技术 ………………… 84

（一）品种选择 ………………………………………………… 84

（二）茬口安排 ………………………………………………… 85

（三）栽培技术 ………………………………………………… 85

（四）田间管理 ………………………………………………… 86

（五）病虫害防治及注意事项 ………………………………… 87

参考文献 …………………………………………………………… 88

附录　甜瓜设施栽培技术规程（DB 11T/1570—2018）……… 89

第一部分

甜瓜的发展与展望

一、甜瓜发展的历史沿革

甜瓜是葫芦科黄瓜属植物，品种繁多，果实形状、色泽、大小和味道也因品种而异。甜瓜是一种比较耐旱的植物，适宜生长在温暖湿润、光照充足的环境中，在世界温热带地区广泛栽培。果实营养丰富，香甜可口，是受广大消费者喜爱的夏季消暑瓜果。

根据生态学特征，我国通常把甜瓜分为薄皮甜瓜和厚皮甜瓜。薄皮甜瓜，通俗来讲，皮薄可食用，果实肉质松脆或者软面，香味浓郁，有白皮、绿皮、黄皮、花皮类型，以及这几年比较火的羊角蜜类型等。厚皮甜瓜，果皮厚而不能食用，不过因为其果肉厚、种子腔小、甜度高、风味足、货架期长的优势，占据了甜瓜消费的主流市场。厚皮甜瓜有光皮类型、哈密瓜类型和网纹类型。光皮类型的厚皮甜瓜还可以根据皮色和覆纹的不同分为白皮、黄皮、绿皮和花皮等种类；网纹类型的厚皮甜瓜种类很丰富，在网纹上可以大致分为粗网纹和细网纹。

甜瓜除了鲜食以外，还可以晾晒成瓜干、腌制成瓜脯、榨汁，或制成罐头、甜瓜酒、甜瓜酱等。与西瓜相比，甜瓜水分和蛋白质含量较少，但芳香物质、矿物质、糖分和维生素C的含量明显高出西瓜，可以有效补充人体所需的能量及各种营养元素。甜瓜的根、茎、叶、花、果蒂、果皮、种子均可供药用，对暑热、发烧、中暑、口渴、小便不利、口舌生疮等病症都具有很好的辅助功效。

(一) 历史中的甜瓜起源

甜瓜是一种主要种植于温带和热带的蔓性草本植物，初级起源中心普遍认为是位于非洲的几内亚。我国是薄皮甜瓜的初级和次级起源中心，有着3 000

多年的甜瓜栽种历史。我国关于甜瓜最早的文字记载是在春秋战国时期，而有实证可考则是在汉代，考古人员在长沙西汉马王堆汉墓中出土的女尸胃中，发现了没有消化完的甜瓜籽。《诗经·小雅·信南山》中就有"中田有庐，疆场有瓜"这样的句子。甜瓜从最开始的古代贵族食用，到现在的全民可吃，经历了一系列的变迁。

（二）全基因组揭秘甜瓜起源

2012 年，西班牙学者首次发表了甜瓜参考基因组。2019 年中国农业科学院郑州果树研究所团队联合国内外 19 个科研机构，历时 5 年共同构建了世界上第一张甜瓜全基因组变异图谱，首次系统阐释了甜瓜的复杂驯化历史及重要农艺性状形成的遗传基础。

研究发现，甜瓜可能发生过 3 次独立的驯化事件，其中一次发生在非洲地区，另外两次发生在亚洲地区并分别产生了厚皮甜瓜和薄皮甜瓜两个栽培亚种。3 次独立驯化事件"异曲同工"，都使野生甜瓜失去苦味和酸味并逐渐获得甜味口感。

二、国内外甜瓜的发展现状

（一）国外甜瓜生产情况

联合国粮农组织（FAO）统计数据显示，2019 年，全球甜瓜产量达 2 750.14 万吨，与 2010 年的 2 607.85 万吨相比，增量达 142.29 万吨，增幅为 5.46%，年复合增长率约为 0.59%。在全球各主要甜瓜主产国中，除我国以绝对优势在产量上遥遥领先外，土耳其和印度分别以产量 177.71 万吨和 126.6 万吨位居世界第二和第三，占全球甜瓜产量的比重分别为 6.46% 和 4.6%。从产能优势来看，我国的甜瓜产量（1 354.15 万吨）是排名第二的土耳其（177.71 万吨）的 7.62 倍，是印度（126.6 万吨）的 10.70 倍。哈萨克斯坦、伊朗、埃及、美国、西班牙、危地马拉和墨西哥，产量分别居世界第四至第十位。

（二）我国甜瓜种植面积

目前，我国甜瓜播种面积已超过麻类、糖料、烟叶、药材等传统经济作物，约占种植业总播种面积的 1.5%，其产值约为种植业总产值的 6%，在部分主产区可达到 20% 以上。自 2017 年来，甜瓜种植面积占全国果园种植面积比重小幅度上升，虽然较 2015 年前仍有所不足，但是整体呈上升趋势，发展势头较好。2022 年，中国甜瓜种植面积 38.66 万公顷，总产量达到 1 377.1 万吨，比 2021 年略有下降。

（三）我国甜瓜种植分布情况

甜瓜的适宜种植温度是 22~30℃，适合种植于中性土壤，因此中国的西部地区如新疆、甘肃具备相对适宜的温度和土壤条件，且具有广大的土地面积，适宜大面积发展甜瓜种植。目前中国甜瓜种植面积东部地区逐渐超过西部地区，西部地区次之，中部地区相对来说少一些，东北地区最少。西部地区仍将作为国内种植甜瓜的主要区域。然而就单位产量而言，东部地区则具备主要优势，在 2019 年达到了 40 141.4 千克/公顷。

随着现代农业的发展，在高效栽培方式、种植模式等方面不断创新和实践，中国甜瓜单产水平日益提高，中国的甜瓜单产不仅高于世界平均水平，而且领先的程度还在继续扩大。不仅如此，有多个省份甜瓜的单产在全国平均水平之上，其中河南省、山东省和新疆维吾尔自治区等通过在筛选品种、培育幼苗、转移栽培、果实采收等环节做到科学化、标准化管理，实现了优质高产，生产水平居全国前列，提高了瓜农的种植效益。2019 年，中国的甜瓜产量为 1 355.7 万吨，其中甜瓜产量最高的省份是新疆和山东，分别达到了 215.6 万吨和 210.9 万吨。

2020 年，中国甜瓜的出口总量约为 3 350 吨，出口额 4 579.8 万美元，主要向亚洲其他地区、欧洲以及北美洲出口，其中面向亚洲的出口总额占比最大，约为 97.4%，中国香港、马来西亚和越南对甜瓜的需求可观。在甜瓜进口方面，总量相对较小，2020 年，甜瓜进口总额为 21.4 万美元，主要来源于文莱、巴西和吉尔吉斯斯坦 3 个国家，其中以进口文莱和巴西的甜瓜为主，分别占我国甜瓜进口总额的 51.08% 和 43.48%，进口额分别为 10.9 万美元和 9.3 万美元。

（四）北京地区甜瓜生产情况

北京地区甜瓜主要分布在顺义，约占全市甜瓜种植面积的 60%；其次是大兴；延庆种植面积为 100 亩*左右，主要为西红寺村老甜瓜产区，以及香营乡一品农业公司规模发展的甜瓜生产；昌平、房山、通州、密云等区的种植面

---

　　* 亩为非法定计量单位，1 亩＝1/15 公顷。——编者注

积在 2022 年有大幅度提升，主要是因为设施园区甜瓜套种面积和昌平地区南口镇、流村镇等区域甜瓜种植面积提升。甜瓜作为经济作物，品种类型丰富，外观具特色，在各大采摘园区有很大发展前景。

目前北京甜瓜产业以"四化"（生态化、安全化、简约化、融合化）内在发展需求统领，从提高商品瓜品质、减少投入品使用、发展新型栽培模式、延伸服务链条等方面入手，应用基质栽培技术、采摘栽培技术、"一控两减"技术体系和高密度栽培、简约化栽培等高效栽培技术模式，主导技术应用覆盖率达到 85% 以上，促进甜瓜标准化、规模化生产，推进生产和经营方式转变。

北京地区甜瓜生产主要设施类型为日光温室和塑料大棚。

在两种设施条件内从南到北合理布局生产，春茬日光温室上市时间可从 4 月中旬持续到 6 月中旬，塑料大棚上市时间从 5 月初持续到 7 月中旬；秋茬日光温室上市时间从 11 月初持续到 11 月中旬，塑料大棚上市时间从 9 月下旬持续到 10 月上旬；此外，还突破了塑料大棚网纹甜瓜越夏茬口生产，上市时间从 7 月底持续到 8 月中旬；目前全年供应期可达 130 天，较露地栽培提高了 85.7%。

三、甜瓜的发展趋势与展望

根据农业农村部办公厅发布的《全国西瓜甜瓜产业发展规划（2015—2020年）》，从改善生产方式、发展加工流通方式和加强综合服务等三个大方向出发，完成市场供给稳定、产业结构合理、产品品质提升、支撑能力增强和惠农效益提高的 5 个新发展目标。在华南、华淮海、长江流域、西北和东北等区域建设甜瓜优势区，设立 395 个西瓜甜瓜产业重点县。重点发展西瓜甜瓜产业，增加甜瓜种植面积，提升优质果率。随着经济生活水平的发展，人们对于瓜果蔬菜等农作物的品质要求越来越高，对于食品安全方面越发重视和关注，无公害甜瓜将是未来发展的重要趋势，此时积极培育优质甜瓜品种具有重要意义。同时在瓜果类等保质期较短的农产品的交通运输方面可以进行一定程度的改进，如何降低运输成本，增加产品保质期，发展保鲜的同时又不影响品质等将成为影响甜瓜产业发展的重大问题。

从供应端来看，我国长期稳居全球甜瓜生产第一大国的位置，甜瓜产量逐年稳步增长，且增长速度长期超出全球平均水平。从对产量增长的贡献率来看，近十年，我国的甜瓜面积及甜瓜单位面积产量保持正增长态势，其中，甜瓜单位面积产量的增长速率较高，对产量增长的贡献率相对更大。但是近年来我国甜瓜单位面积产量的增速逐渐放缓，需要加强对甜瓜育种、栽培技术的投入与关注。

从需求端来看，我国甜瓜表观消费量仍然保持较为明显的增长趋势，人们的消费需求出现了新的变化和特征，甜瓜的品质、安全和健康更受关注。在甜瓜国际贸易方面，我国存在很大的发展空间，对国际市场的开拓和产品质量的提高迫在眉睫。

从技术研究来看，在生产过程中，甜瓜的生产组织模式还有进一步发展空间，能有效提高我国甜瓜的生产效率；在储运过程中，薄皮甜瓜的远距离储运问题严重限制了我国甜瓜国际贸易的进一步发展。

第二部分

甜瓜优新品种及栽培特性

一、甜瓜优新品种

甜瓜在我国果蔬生产中占据重要地位，是带动农民就业增收的高效园艺作物。近年来，随着经济社会的发展以及我国育种科研工作的进步，甜瓜品种不断更新换代。

（一）薄皮甜瓜品种

（1）羊角脆。精选羊角脆品种，果皮浅灰绿色，瓜呈羊角状，果长30厘米左右，果实横径约10厘米，单瓜重大约1千克，果肉黄绿色，肉质酥脆，汁多味甜，含糖量12%，甜度适中，清热解暑，是夏季鲜食之佳品。亩产4 000千克左右。保护地、露地均可栽培。3月下旬种植，行距120～150厘米，株距60～70厘米，亩留苗800～1 000株为宜，主蔓4叶摘心，孙蔓3叶摘心，子蔓、孙蔓均可坐瓜。保护地栽培可采用单蔓或双蔓整枝，单蔓整枝2 000株/亩，双蔓整枝1 400株/亩。株蔓22片叶摘心。注意病虫害的防治，多施腐熟饼肥以及磷钾肥，以促优质丰产。

（2）博洋9号。天津德瑞特种业有限公司申请的薄皮甜瓜品种，品种来源为Lb241×Lb271，具有糖度适宜、口感脆酥、风味清香、果肉较厚、果形匀称、果皮花条纹清晰新颖、坐瓜性极好、丰产稳产性好的特点。杂交种。中心可溶性固形物含量12%～13.5%，边部可溶性固形物含量10.5%，脆酥，清香。中抗白粉病、霜霉病。第一生长周期亩产2 898千克，比对照品种花金刚增产22.5%；第二生长周期亩产2 680千克，比对照品种花金刚增产19.4%。

（3）京玉绿宝。以白沙蜜5代自交系357为母本，以地方品种240提纯系选后代397为父本配制而成的薄皮甜瓜一代杂种。果实扁卵圆形，单瓜重200～400克，果面光滑无棱，果皮深绿色，果肉白绿色，可溶性固形物含量

11%～15%，早熟，抗逆性较强，适合保护地及少雨露地栽培，每亩产量1 600千克。已在北京、河北、辽宁、吉林、内蒙古等地示范推广3 000公顷。

（4）京脆香园。植株生长势较强，子蔓、孙蔓均可坐瓜。果实发育期29～33天，单瓜重大约0.25千克，果实卵形，品比试验果形指数1.16；果面光滑，果皮底色乳白，果柄处有绿色，向果脐逐渐变淡消失；果肉厚大约2.0厘米，白色，果瓤白色；中心可溶性固形物含量可达13%以上，口感清香脆甜。早熟，外观商品性好，耐贮运。

（5）京香11号。该品种植株长势强健，早熟、丰产、稳产。2006年育成，2012年通过北京市鉴定。2009年5月，在大兴举办的全国西甜瓜擂台赛上，获得"甜瓜新品种奖"。果实梨形，成熟时玉白色，外观娇美、艳丽光洁，果肉白色，肉厚腔小。单瓜重0.45～0.5千克，大者可达0.9千克，可溶性固形物含量14%～16%，肉质细腻，甜脆适口，风味纯正，口感极佳。不脱蒂、不裂瓜，子蔓、孙蔓均可坐瓜。

（6）京香15号。早熟、丰产、稳产、转色快。2008年育成，正常气候条件下，植株长势强健，从开花到果实成熟30天左右。果实梨形，艳丽光洁，成熟时洁白色，外观娇美。果肉白色，肉厚2.5厘米左右，腔小。单瓜重0.6千克左右，中心可溶性固形物含量12%～15%，肉质细腻，甜脆爽口，风味纯正，口感佳。不脱蒂、不裂瓜，子蔓、孙蔓均可坐瓜，孙蔓坐瓜更好。抗病、耐湿、耐低温。

（7）竹叶青。北京地方品种，早熟，授粉后30天左右成熟，香甜爽脆，过熟时发面，单瓜重200克左右，浅绿色，成熟时发亮白，有棱沟。子蔓、孙蔓均可坐瓜，早熟栽培以子蔓坐瓜为主。

（8）金玉满堂。植株生长势中等，子蔓、孙蔓均可坐瓜。果实发育期30～33天，果实卵形，果形指数1.20；果面光滑有浅沟，从脐部向中间延伸，逐渐变浅。果皮淡黄色，薄，果脐较小，单瓜重大约0.23千克，果肉白色，肉厚大约2.0厘米，种腔大小约为7.5厘米×3.5厘米，瓤白色；中心可溶性固形物含量可达13%以上，肉质细腻，口感清香脆甜。白粉病苗期室内接种鉴定病情指数33.31，抗病。

（9）京雪5号。植株生长势中等，子蔓、孙蔓均可坐瓜。果实发育期30～33天，果实梨形，果形指数1.09；果面光滑有浅沟，从蒂部、脐部向中间延伸，逐渐变浅。果皮白色，成熟后果表呈不均匀淡黄色斑块，果脐较平，单瓜重大约0.25千克，果肉白色，肉厚大约2.2厘米，种腔大小约为6.8厘米×4.5厘米，瓤白色；中心可溶性固形物含量可达13%以上，肉质细腻，口感清香脆甜，脆甜口感保持时间可达 2 周。白粉病苗期室内接种鉴定病情指数 22.43，高抗。

（10）北农翠玉。植株生长势中等，子蔓、孙蔓均可坐瓜。果实发育期 33～36 天，果实梨形，果形指数 0.89；果面光滑有浅沟，从脐部向中间延伸，逐渐变浅。果皮绿色，完全成熟后果表呈不均匀淡黄色斑块，果脐较平，单瓜重大约 0.24 千克，果肉翠绿色，肉厚大约 2.5 厘米，种腔大小约为 6.6 厘米×6.8 厘米，瓤淡黄色；中心可溶性固形物含量可达 13%以上，肉质细腻，口感酥脆香甜。白粉病苗期室内接种鉴定病情指数 28.33，抗病。

（11）京雪 2 号。植株生长势中等，子蔓、孙蔓均可坐瓜。果实发育期 26～30 天，果实卵形，纵腔×横腔为 11.2 厘米×10.3 厘米；果面光滑有浅沟，从蒂部向中间延伸，逐渐变浅。果皮白色，果脐较平，单瓜重大约 0.28 千克，果肉白色，肉厚大约 2.2 厘米，瓤白色；中心可溶性固形物含量可达 13%以上，肉质细腻，口感清香脆甜。

（二）厚皮甜瓜品种

1. 白皮类型

（1）一特白。植株生长势较强，果实发育期 35～38 天，品比试验单瓜重 1.65 千克，短椭圆形，果形指数 1.19；果面光滑，白皮白肉，肉厚腔小，肉质细腻，中心可溶性固形物含量 16.2%，比对照品种高 1.7%；口感清香。不脱蒂，极耐贮运。早熟，外观商品性好。

（2）玉菇。果实高球形至短椭球形，单瓜重 1.5 千克左右，瓜皮白色，表面光滑或偶有少量稀网纹；肉色淡绿色，肉厚，肉质柔软细腻，中心可溶性固形物含量 16.1%，边部可溶性固形物含量 11.7%。中抗白粉病，中抗霜霉病。

（3）甬甜 5 号。小哈密瓜杂交种，生长势强，耐高温，抗病性强，不易裂果，耐贮运。果实椭圆形，白皮橙肉，细稀网纹，含糖量 15%以上，松脆可口，风味佳，品质优。春季全生育期 110 天左右，秋季全生育期 90 天左右，果实发育期 40～42 天。单瓜重 1.5～2.5 千克。立体栽培宜采用单蔓整枝，株距 40 厘米，每株留 1 瓜，适宜坐瓜节位 11～15 节。爬地栽培宜采用 2～3 蔓整枝，株距 50～55 厘米，适宜坐瓜节位 8～10 节。采用人工授粉或低浓度坐瓜灵喷花坐果。

（4）明珠 4 号。以 M88-1 为母本、M24-2 为父本杂交育成的早中熟厚皮甜瓜新品种。植株长势中等，果实椭圆形，白皮，光皮，平均单瓜重 1.5 千克。果肉白色，肉厚 3.5 厘米左右，肉质松、细、较脆、爽口多汁，具有清香味，中心可溶性固形物含量 16％ 以上。春季栽培全生育期约 100 天，夏秋季栽培约 75 天，果实发育期 35～40 天。耐低温弱光，综合抗性好，易坐瓜，平均产量为 36.75 吨/公顷。适合于各类设施栽培，北方可露地栽培。

（5）农大甜 9 号。厚皮甜瓜杂交 1 代新品种。果实圆形，果皮白色，果面光洁，果肉橘红色，肉质脆，口感好，中心可溶性固形物含量 18％ 左右，边部可溶性固形物含量 12％。平均单瓜重 1.3 千克，平均产量 52.1 吨/公顷。抗蔓枯病。适宜陕西省春季保护地栽培。

（6）雪酥 3 号。以 M39901 为母本、M9108 为父本杂交选育的中早熟厚皮甜瓜新品种。植株生长势中等，根系发达，全生育期 108～112 天，果实发育期 38～42 天。果实椭圆形，白皮，果面光滑或有稀疏裂纹；单瓜重 1.5～2.0 千克；白肉，果肉厚度 4.2 厘米，中心可溶性固形物含量 16％～19％，酥脆细爽。适宜华北地区春季设施种植，西北地区露地栽培亦可。

（7）雪玲珑。以 M-07 为母本、M-7403 为父本选育而成的杂交 1 代厚皮甜瓜新品种。该品种早熟，在华北地区春大棚种植，全生育期约 95 天，果实发育期 32 天左右。果实圆形，果面光滑，白皮，成熟后有黄晕，平均单瓜重 1.5 千克左右；果肉白色，肉厚腔小，果肉厚度 5 厘米左右，中心可溶性固形物含量 16.0％～19.4％，平均产量 39.3 吨/公顷。适合华北和中西部地区保护地栽培。

2. 黄皮类型

（1）久红瑞。早熟品种，果实发育期 30～32 天，果实圆球形，金红色，果肉白色，肉厚 4.2 厘米以上，肉质细酥，汁多味甜，中心可溶性固形物含量 15％～16％。香味浓郁，耐贮运，单瓜重 1.5～2.5 千克。抗病性好，高抗白粉病，产量高，适合全国露地保护地种植。北京地区可采用立体栽培，单蔓整枝，株距 40 厘米，每株留 1 瓜，适宜坐瓜节位 11～13 节。采用人工授粉或低浓度坐瓜灵喷花坐瓜。

（2）一特金。植株长势强健，果形指数 1.13，短椭圆形，表皮光滑，金黄色，美观，果肉白色，果瓤白色，肉厚大约 3.6 厘米，单瓜重大约 1.3 千克，中心可溶性固形物含量大约 14％，边部大约 8.5％，不脱蒂，极耐贮运，抗病性强。口感好，有清香味，耐贮运，商品性好。

（3）金衣。植株长势强健，果实椭圆形，表皮光滑，金黄色，美观，果肉白绿色（靠近果皮部淡绿色，向内逐渐变白色），果瓤白色，果形指数 1.13，肉厚大约 3.8 厘米，单瓜重大约 1.48 千克，中心可溶性固形物含量大约 14.9％，边部大约 8.5％，不脱蒂，极耐贮运，抗病性强。

（4）丘比特。黄白皮、橘红肉，单瓜重900克左右，春、秋季可播种。开花后38天可以采收，口感软糯，糖度可达20%左右，种腔小、果肉厚，抗病性强，栽培容易。

（5）凤冠。中早熟厚皮甜瓜，果皮深红色，果肉白色，果实椭圆形，单瓜重1.9千克，果肉厚度4厘米，中心可溶性固形物含量16.5%。口感细腻香甜，全生育期115天，果实发育期50天。

（6）京玉太阳。黄皮大果类型厚皮甜瓜，果实发育期42~45天，果实高圆形，果皮黄红色，果肉白色，肉质细嫩，风味纯正，少清香，中心可溶性固形物含量15%~17%，肉厚腔小，单瓜重1.5~2.0千克。植株生长势旺，易坐瓜，以8~12节子蔓坐瓜为宜。生产上栽培密度以2.7万~3万株/公顷为宜，每株保留一瓜。适宜北京、河北、山东地区的早春温室、塑料大棚设施栽培。

（7）骄红4号。中早熟厚皮甜瓜一代杂交种。节间较短，瓜码密，容易坐瓜，早熟，椭圆果，白皮，成熟后透红，果面光滑，果实发育期30天左右，单瓜重1.5~1.7千克，橘红肉，肉厚4.0厘米左右，中心可溶性固形物含量14.0%~16.0%，肉质细脆。

（8）红瑞红。以GB8502为母本、GB8401为父本选育而成的杂交1代厚皮甜瓜新品种。中早熟品种，在廊坊地区春季保护地栽培全生育期85~95天，果实成熟期32~35天。坐瓜性强，单瓜重2.0~2.4千克。果实高圆形，果皮深金黄色，细腻光滑。果肉白色，肉厚腔小，果肉厚度4.5厘米左右。中心可溶性固形物含量15.0%~16.0%。在吊蔓栽培方式下，每亩平均产量4 000千克左右。适合我国华北地区保护地栽培。

（9）酥灿1号。以JXYF320为母本、JYMF11为父本选育而成的厚皮甜瓜杂交1代新品种。植株长势旺盛，中早熟，全生育期115天，果实发育期42天；平均单瓜重2.2千克，每亩产量2 400千克左右；果实短椭圆形，果形指数1.2，果皮黄色，果肉绿白色，果肉厚度4.6厘米，中心可溶性固形物含量16%~17%；肉质松脆，风味香甜浓郁，口感佳。田间综合抗病性强，耐低温弱光性强。适宜在浙江、上海和江苏早春大棚设施栽培。

3. 中浅网纹类型

（1）都蜜5号。植株生长势稳健，抗病性强，耐热不易早衰，坐瓜性好。果实发育期45天左右，全生育期110天左右。灰绿底，网纹细密全，外形美观。果肉橘红，肉质细、酥脆，风味好，肉厚，中心可溶性固形物含量18%左右，平均单瓜重2.5千克左右。不易裂瓜，商品率高，耐储运。

（2）都蜜 9 号。植株生长势稳健，抗病性强，耐热不易早衰，坐瓜性好。果实发育期 45 天左右，全生育期 110 天左右。灰绿底，网纹细密全，外观美观。果肉橘红色，肉质细、酥脆，风味好，肉厚，中心可溶性固形物含量 18% 左右，平均单瓜重 3 千克左右。不易裂瓜，商品率高，耐储运。

（3）七彩脆蜜。果实椭圆形，果皮墨绿上覆稀网，肉质脆，果肉从内向外由橙红色向绿色过渡，单瓜重 2.0 千克，中心可溶性固形物含量 17.0% 左右，边部可溶性固形物含量 12.0% 左右，果肉厚度 4.0 厘米。大棚、日光温室均可种植。

（4）众天 5 号。网纹类厚皮甜瓜，早熟性好，早春种植果实发育期 38～40 天。单瓜重 2.2～2.5 千克，果实短椭圆形，果形好，果皮黄色，果肉红色，脆肉，抗性好，可溶性固形物含量 18% 以上。不易裂果，适合保护地种植。

（5）众天 7 号。中熟品种，果实发育期（春季郑州）35～40 天。果实短椭圆形，灰绿色果皮上覆灰白色网纹，果肉橙红色，脆肉，单瓜重 1.5～2.0 千克，中心可溶性固形物含量 16.0%～18.5%，边部可溶性固形物含量 12.0%～14.0%，果肉厚度 3.5～4.0 厘米。对叶部和根部病害有较好抗性，保护地种植表现较好。

（6）长江蜜魁。果实椭圆形，果皮墨绿上覆网纹，肉质脆，果肉橙红色，单瓜重 2.0～3.0 千克，中心可溶性固形物含量 15.0%～19.0%，边部可溶性固形物含量 12.0% 左右，果肉厚度 4.0 厘米。大棚、日光温室均可种植。

（7）翠甜。细网类型网纹甜瓜，长势强，抗病性较强，适宜定植密度 1 700～1 800 株/亩。授粉后 45～50 天成熟。高圆果细网，绿肉，果实发育期 45 天左右，易上糖，平均单瓜重 1.5～2.0 千克，可溶性固形物含量稳定在 15% 以上；种植技术简单。

（8）江淮蜜 1 号。早熟哈密瓜品种，植株生长势强，易坐瓜，雌花开放至果实成熟 38 天左右，果实椭圆形，果面易形成网纹且网纹均匀。成熟果黄绿色，果肉橙黄色，颜色均匀，单瓜重 2 千克以上，中心可溶性固形物含量可达 16%～18%，品质好，口感极酥脆。立架栽培宜采用单蔓整枝，株距 0.4 米，行距 1.2 米，每株留瓜 1～2 个；爬地栽培宜采用双蔓整枝，株距 0.5 米，行距 2 米，每株留瓜 2～3 个。栽培种应该加大有机肥的施入量，减少化学肥料的使用，采果期适当补水、追肥，以提高产量。

（9）库拉。细网类型网纹甜瓜，长势强，抗病性较强，适宜定植密度为 1 700～1 800 株/亩。授粉后 45～50 天成熟，高圆果细网，绿肉，易上网，易栽培，平均单瓜重 1.6～2.0 千克，可溶性固形物含量稳定在 16％以上；有香蕉香味。

（10）帅果 5 号。细网类型网纹甜瓜，长势强，抗病性较强，适宜定植密度为 1 700～1 800 株/亩。授粉后 50～55 天成熟，圆果细网，绿肉。平均单瓜重 1.6～1.8 千克，可溶性固形物含量稳定在 16％以上；网纹易形成，易栽培，抗白粉病，适宜早春设施栽培。

（11）蜜绿。中网类型网纹甜瓜，长势强，抗病性较强，适宜定植密度为 1 700～1 800 株/亩。授粉后 55 天左右成熟，圆果中网，绿肉，易上网，易上糖，耐低温性好。平均单瓜重 1.6～1.8 千克，可溶性固形物含量稳定在 16％以上；耐白粉病，易栽培；有果香味。

（12）华蜜 303。中熟网纹甜瓜杂交 1 代新品种。果实圆球形，果皮绿色，网纹中粗，易形成，单瓜重 1.5～2.5 千克，果肉淡绿色，肉厚 4.3 厘米，松软多汁，口感好，中心可溶性固形物含量 16.0％～17.5％。全生育期 110～115 天，果实发育期 50～52 天。平均产量 28 000～30 000 千克/公顷。适合上海及周边地区春秋保护地栽培。

（13）兴隆蜜 6 号。以 T347 为母本、A22 为父本杂交育成的晚熟网纹甜瓜新品种。植株长势中等，全生育期 110 天左右，果实发育期 40 天左右。果皮绿色覆中粗网纹，网纹均匀，外观好；中等大小，膨瓜速度快，单瓜重 1.6～2.0 千克，肉厚 4.0～5.0 厘米，中心可溶性固形物含量高，达 16.0％～20.0％，果实成熟后不落蒂，商品性好，耐贮运。适合黄淮海生态区河南春季设施栽培。

4. 粗网纹类型

（1）维蜜。粗网类型网纹甜瓜，长势强，抗病性较强，适宜定植密度为 1 600～1 800 株/亩。授粉后 60 天左右成熟。果皮绿色，网纹灰白，果肉绿色，纤维细，糯性好。平均单瓜重 1.6～1.8 千克，可溶性固形物含量稳定在 15％以上；果肉厚，呈黄绿色，耐贮藏，耐运输。耐蔓割病、白粉病。

（2）阿鲁斯。粗网类型网纹甜瓜，长势强，抗病性较强，适宜定植密度为 1 600～1 800 株/亩。授粉后 55～60 天成熟。平均单瓜重 1.6～1.8 千克，可溶性固形物含量稳定在 15％以上；圆果粗网，黄绿肉；有果香味。

（3）比美。粗网类型网纹甜瓜，长势强，抗病性较强，适宜定植密度为 1 600～1 800 株/亩。授粉后 55～60 天成熟。圆果粗网，黄绿肉，平均单瓜重 1.6～1.8 千克，可溶性固形物含量稳定在 15％以上；有果香奶香混合味。

（4）帕丽斯。粗网类型网纹甜瓜，长势强，抗病性较强，适宜定植密度为

1 600~1 800 株/亩。授粉后 55~60 天成熟。圆果粗网，橙红肉，平均单瓜重 1.6~1.8 千克，可溶性固形物含量稳定在 15% 以上；有淡麝香味。

(5) 千叶 1899。以自交系 M18-22 为母本、自交系 M18-24 为父本杂交选育而成的中早熟网纹甜瓜新品种。春季保护地栽培全生育期 100 天左右，果实发育期 45 天左右，果实高圆形，单瓜重 1.5~2.5 千克，果皮青灰色密布凸起网纹。果肉绿黄色，肉质细腻，成熟后质地酥脆，采收后逐渐变为软糯，货架期长，果实中心可溶性固形物含量 18%。植株长势稳健，株型紧凑，叶片大小中等、深绿肥厚，耐低温弱光，抗白粉病和霜霉病，不易早衰，坐瓜能力强。平均亩产 4 153.75 千克，适宜陕西、宁夏、甘肃、内蒙古、山东、江苏、浙江、海南等地春季保护地栽培。

(三) 特色类型甜瓜品种

特色类型甜瓜包括具有特殊风味如酸甜口感、特殊皮色、特殊外观的一类甜瓜，其外形或口感独特，功能丰富，适合休闲采摘，是都市特色甜瓜品种发展的一个重要方向。生产中通常以 pH≤5.4（同时结合口感）作为区分酸与非酸甜瓜的标准。风味甜瓜其口感丰富、酸中带甜、酸甜适中，是一种较为新奇的品种类型，适合对高糖敏感人群食用以及都市休闲采摘。据文献记载，风味甜瓜（酸甜瓜）多为薄皮甜瓜与梢瓜杂交并多代选择而来，也有厚皮甜瓜与天然具有酸味的甜瓜材料杂交而成的。吴明珠院士团队最早选育风味甜瓜品种，是通过 ^{60}Coγ 射线辐射诱变而成的。

(1) 风味 3 号。杂交 1 代，又称圆酸瓜，是个性化厚皮甜瓜品种（风味甜瓜），果实扁圆形，果皮浅黄绿底深绿沟，平均单瓜重 1.5~2 千克。肉质细柔甜酸，风味好，可溶性固形物含量 15%~16%，抗病性强。栽培时注意控制肥水，防止裂果，适合观光采摘及个性化栽培。

(2) 风味 4 号。杂交 1 代，又称长酸瓜，中晚熟，果实长卵形，果皮浅绿底断绿条，肉质细柔酸味较浓，可溶性固形物含量 14%~16%，抗病性强。

(3) 风味 5 号。新疆农业科学院选育，2011 年通过国家甜瓜作物新品种鉴定委员会鉴定，为我国第一个通过鉴定的具有酸味风味的甜瓜品种。表现为早熟、高品质。全生育期约 70 天，果实发育期 40 天。生长势中等，抗病性强，易栽培。果实长卵圆形，果皮白色，有时微黄，果面偶有稀网，果肉白色。单瓜重 1.6~1.8 千克。风味甜酸，清香可口。可溶性固形物含量一般为 17%，高者 18%。

(4) 京蜜 24。北京市农业技术推广站选育，酸甜类型风味甜瓜品种。口感酸甜适中，中心可溶性固形物含量 16.5%。果实椭圆形，单瓜重约 1.2 千克。果皮黄色，表明光洁，果肉白色，肉质细腻，风味纯正。果实发育期38～40天。生产中每株可选留两果，亩产 3 000～3 500 千克。

（5）京玉黄流星。杂交 1 代厚皮甜瓜，黄皮特异类型，皮金黄，上覆深绿断条斑纹，似流星。单瓜重 1.3～1.6 千克，可溶性固形物含量 14%～16%。适合保护地栽培。

（6）京玉白流星。杂交 1 代厚皮甜瓜，白皮特异类型，外观晶莹剔透，上覆深绿断条斑纹，似流星。果实高圆形，单瓜重 1.2～1.6 千克，可溶性固形物含量 14%～16%。适合保护地栽培。

（7）玛德琳。外形椭圆形，成熟前果皮呈墨绿色，成熟后，底色为墨绿色点缀金粉状黄点，纵向墨绿条纹。果肉白色，口感软糯多汁。中晚熟品种，春季全生育期 115～125 天，秋茬 105～110 天，果实成熟期 50～60 天。平均单瓜重 2～3.5 千克，可溶性固形物含量 15%～17%，风味佳。

（8）佳纳 901。黄色皱皮品种，果实椭圆形，外观独特，果肉白色，肉厚 3.6 厘米。全生育期 108 天，果实成熟期 48 天。单瓜重 2.1 千克，中心可溶性固形物含量 17%，口感软糯香甜。

二、甜瓜的生物学特性

（一）甜瓜的形态特征

1. 根

甜瓜属于直根系植物，根系发达，生长旺盛，但根系的木栓化较早。甜瓜的主根可深入土层 1.5 米左右；甜瓜的侧根横展半径可达 2～3 米，主要分布在 10～30 厘米的表层土壤中。厚皮甜瓜根系的分布较薄皮甜瓜深。甜瓜根系随地上部生长而迅速伸展，地上部伸蔓时，根系生长加快，侧根数迅速增加，坐瓜前根系生长分化及伸长达到高峰，坐瓜后根系生长基本处于停顿状态。因此，应在瓜秧生长前期、中期促进根系生长，以达到最适状态。

2. 茎

甜瓜茎为一年生蔓性草本，中空，有条纹或棱角，具刺毛。甜瓜茎的分枝性很强，每个叶腋都可发生新的分枝，主蔓上可发生一级侧枝（子蔓），一级侧枝上可发生二级侧枝（孙蔓），直至三级、四级侧枝等。只要条件允许，甜瓜可无限生长，在一个生长周期中，甜瓜的蔓可长到 2.5～3 米。甜瓜茎蔓生长迅速，旺盛生长期长，一昼夜可伸长 6～15 厘米，白天生长量大于夜间，夜间生长量仅为白天的 60% 左右。

甜瓜主蔓上发生子蔓，第一子蔓多不如第二、第三子蔓健壮，栽培管理中常不选留，因而一般甜瓜子蔓的生长速度会超过主蔓。生产上苗期摘心可以促进侧枝的发生，选留两条或三条侧蔓作为结果枝；中后期摘心可以控制植株的生长。

3. 叶

甜瓜的叶为单叶、互生、无托叶。厚皮甜瓜叶大，叶柄长，裂刻明显，叶色浅，叶片较平展，皱褶少，刺毛多且硬；薄皮甜瓜叶小，叶柄较短，叶色较深，叶面皱褶多，刺毛较软。同一品种不同生态条件下，叶片的形状也有差异，水肥充足，生长旺盛，叶片的缺刻较浅；水分过多时，叶片下垂，叶形变长；水肥过量、光照不足时，叶片大而薄，光合作用能力偏弱，对生长发育不利。叶柄通常长 8~15 厘米，坐瓜生产上通过调控水、肥、温度、湿度等环境及整枝方式控制徒长。

4. 花

甜瓜花有雄花、雌花和两性花 3 种。主要为雄全同株型（雄花、两性花同株）、雌雄异花同株型，其雄花、两性花的比例均为 1∶(4~10)。绝大多数厚皮、薄皮栽培品种均是雄全异花同株型，因此在杂交过程中母本须提前进行人工去雄。

甜瓜幼苗分化时间很早，一般在出苗 10~14 天，两片子叶充分展开，第 1 片真叶尚未展开之前，花芽就已经开始分化。夜间温度影响花芽分化的速度以及着生节位、数量、雌雄花比例和质量。一般苗期低温有利于花芽数量的增多、节位降低。其中以白天温度 30℃、夜间温度 25℃花芽分化最快，花数、叶数最多。夜温安全值是 18~20℃，超过 25℃，结实花出现延迟。同时，低温短日照有利于结实花的分化，结实花节位低、数量多，雌雄花比例高；高温长日照则相反。

甜瓜花的开放时间主要取决于温度，一天中当早晨田间气温 20℃左右即开始开花，开花后 3~4 小时授粉最好。开花前一天的雌蕊已具有接受花粉、完成受精的能力，可进行蕾期授粉。正常条件下，人工授粉最适宜的时间是上午 8—10 时，10 时以后授粉，坐瓜率显著降低。

5. 果实

果实为瓠果，侧膜胎座，3~5 个心室，由受精后的子房发育而成，可分为果皮和种腔两部分。果皮由外果皮和中、内果皮构成。外果皮有不同程度的木栓化，随着果实的生长和膨大，木栓化多的表皮细胞会撕裂形成网纹；中、内果皮无明显界限，主要由富含水分和糖的大型薄壁细胞组成，是甜瓜的主要食用部分。种腔的形状有圆形、三角形、星形等。果实的大小、可溶性固形物含量、形状、颜色、质地、风味等因品种而异。

甜瓜品质高低主要取决于果实糖分含量多少，成熟的甜瓜果实主要含有还原糖（葡萄糖、果糖）和非还原糖（蔗糖），其中蔗糖占全糖的 50%～60%。通常厚皮甜瓜的糖分含量一般在 12%～16%，最高可达 20% 以上；薄皮甜瓜的糖分含量一般在 8%～12%。

6. 种子

甜瓜种子由胚珠发育而成，由种皮、子叶和胚 3 部分组成。子叶占种子的大部分空间，富含脂类和蛋白质，为种子萌发贮藏丰富的养分。甜瓜种子形状有披针形、长扁圆形、椭圆形、芝麻粒形等多种形态。薄皮甜瓜种子千粒重 8～25 克，厚皮甜瓜种子千粒重 25～80 克。薄皮甜瓜种子多为黄白色，少数为紫红色；厚皮甜瓜种子多为黄色。单瓜种子粒数因品种而异，一般 300～600 粒，多者可达 900 粒。种子的寿命一般为 5～6 年。

（二）甜瓜的生育特性

甜瓜的全生育期是指从出苗到头茬瓜成熟采收所需的天数，品种不同，生育期长短也不同。早熟品种的全生育期仅 65～85 天，而晚熟品种全生育期可达 150 天。按甜瓜各生育阶段不同特点可划分出发芽期、幼苗期、伸蔓期、结果期 4 个时期。每个时期有不同的生长中心，并有明显的临界特征。

1. 发芽期

指从种子萌芽到子叶展开的时期，一般从播种至第 1 片真叶露心，需 10～15 天。厚皮甜瓜种子发芽的适宜温度为 28～32℃；薄皮甜瓜种子发芽的适宜温度为 25～30℃。甜瓜种子生长需要吸收种子绝对干重 41%～45% 的水分。

2. 幼苗期

从第 1 片真叶露心到第 5 片真叶出现为幼苗期，需 20～25 天。此时地下部、地上部生长均旺盛，各器官逐步发育成熟，营养器官的生长占优势。茎叶生长适宜的温度是白天 25～30℃、夜间 16～18℃。该时期，主根长度已达 40 厘米左右，侧根已大量发生，并分布在土壤表层 20～30 厘米深的土层中。

3. 伸蔓期

从第 5 片真叶出现到第 1 朵雄花开放为伸蔓期，需 20～25 天。此时生长量逐渐增加，以营养生长为主。这一时期，根系迅速扩展、吸收量不断增加，侧蔓不断发生、迅速伸长。生长适宜的温度为白天 25～30℃、夜间 16～18℃。这一时期，栽培上应注意促控结合，授粉前保持茎蔓粗壮，为结果打好基础。由于植株生长迅速，需要充足的养分供给，此时可适当追肥，促进植株生长发育。

4. 结果期

从第 1 朵雌花开放到果实成熟为结果期。不同品种之间结果期时间有显著差异。早熟薄皮甜瓜品种结果期仅为 20 多天，晚熟厚皮甜瓜品种如网纹甜瓜结果期可长达 70 天以上。此期营养生长变弱，生殖生长变强，以果实生长为中心。根据果实形态变化及生长特点的不同，结果期又分为前期、中期和后期 3 个时期。

（1）结果前期（坐果期）。从雌花开放到果实迅速膨大为结果前期，又称为坐果期，需 7~10 天，是植株以营养生长为主向以生殖生长为主的过渡时期。此时期应及时进行植株调整、防止徒长，促使养分向果实运输。促进幼果生长是这一时期的主要工作。

（2）结果中期（膨瓜期）。从果实开始迅速膨大到停止生长为结果中期，又称为膨大期。早熟小果型品种需 13~15 天，中熟品种需 15~25 天，晚熟大果型品种需 20~25 天，此期是决定单瓜重和果实产量的关键时期。

（3）结果后期（成熟期）。从果实停止膨大到成熟为结果后期，又称为成熟期。此时期果肉糖分及营养物质开始转化，果皮有色泽，果肉有甜味、香味。早熟品种成熟期 15~20 天，中晚熟品种成熟期 20 天甚至更长，这一时期是决定品质高低的关键时期。

（三）甜瓜对环境条件的要求

1. 温度

甜瓜属于喜温耐热的作物，不同生育期、不同器官生长对温度要求不同。发芽期最适温度为 28~33℃，最低温度为 15℃；根系最适温度为 22~30℃；茎叶最适温度为 25~30℃；开花最低温度为 18℃，适温 20~25℃；果实发育期适温 30~33℃。

2. 光照

甜瓜属于短日照作物，对光照强度要求高，好强光而不耐阴。日照时数要求达到 10~12 小时，光饱和点为 5.5 万~6.0 万勒克斯。我国西北、华北地区春夏日照率达 60%~80%，夏季光照强度可达 10 万勒克斯以上，是我国甜瓜高产优质的产区。

3. 湿度

（1）空气湿度。甜瓜生长发育适宜的空气相对湿度为 50%~60%。不同生育阶段，甜瓜植株对空气湿度适应性不同。开花坐瓜之前对空气湿度适应能力较强，开花坐瓜期的适应能力差。

（2）土壤湿度。开花坐瓜前保持适中的土壤湿度，既可保证营养生长所必需的水分，又不致因水分过多造成茎叶徒长，此阶段要求保持土壤最大持水量的 60%～70%。结果前期、中期，果实细胞急剧膨大，为促进果实迅速、充分膨大，土壤中必须有充足的水分，否则将影响产量，此阶段要求保持土壤最大持水量的 80%～85%；果实体积停止膨大后，主要是营养物质的积累和内部物质的转化，水分过多会降低果实品质，并易造成裂果，此阶段要求控制土壤水分，保持土壤最大持水量的 55%左右。

4. 土壤

甜瓜喜欢土层肥沃深厚、通透性好的沙质壤土，适宜土壤 pH 为 6.0～6.8。以土层深厚、有机质丰富、肥沃而通气性良好的壤土或沙质壤土，固相、气相、液相各占 1/3 的土壤栽培为宜。

三、甜瓜的生产设施

设施栽培能创造小气候环境，其抗御自然灾害能力比露地生产能力强，可进行春提前、秋延后及越冬的生产，是有效提高单位面积产能、延长农产品供应期的栽培模式。生产设施按结构可分为塑料大棚、日光温室等，北京地区甜瓜生产以塑料大棚为主、日光温室为辅。

（一）塑料大棚

通常把不用砖石结构围护，只以镀锌管等钢材做骨架，在表面覆盖塑料薄膜的大型保护地栽培设施称为塑料薄膜大棚（简称"塑料大棚"）。生产中常用的塑料棚有塑料大棚、塑料中棚和小拱棚几种：塑料大棚跨度 8～15 米，棚高 2～3 米，面积 334～667 米^2；塑料中棚跨度 4～6 米，棚高 1.5～1.8 米，面积 66.7～133 米^2。塑料大棚和塑料中棚，按棚顶形状又可分为拱圆型棚和屋脊型棚两种，因拱圆型棚对建造材料要求较低，具有较强的抗风和承载能力，故在生产中被广泛应用。和日光温室相比，塑料棚具有结构简单、建造和拆装方便、一次性投资较少等优点，适用于广大农村的大面积生产。

目前常用的塑料大中拱棚的主要规格如下。

无柱全钢跨度 5～12 米，长度 20～60 米，棚高 1.5～2.5 米，以镀锌管为拱杆，顶端形成拱形，其地下埋深 30～50 厘米，间距 1 米左右。按拱棚跨度方向每 2～3 米设 1～3 根 6～8 厘米粗的立柱，拱杆、纵拉杆和立柱采用铁丝等材料捆扎形成整体。用作拱架的材料为钢管，拱杆用 1～3 道钢管连接成整体。此种类型的大中拱棚优点是无支柱、透光性好、作业方便、抗风载雪能力强，但一次性投资大。

（1）拱架。拱架是塑料大中拱棚承受风雪荷载和承重的主要构件，按构造不同，拱架主要有单杆式和附衬式两种形式。跨度较大的无柱全钢一般制成带有钢筋拉花作附衬焊接的附衬式拱架。钢管拱架和附衬式拱架的钢管需使用 6 分以上的钢管，附衬使用 8 寸钢筋拉花焊接以提高强度，分别用 20 号和 8 寸钢筋焊接成长 50 厘米左右的钢叉，用于钢架与地面的固定，利于安装和提高稳定性。

（2）纵拉杆。纵拉杆是保证拱架纵向稳定，使各拱架连接成为整体的构件，主要采用与拱架同直径的钢管连接制造。

（3）塑料大中拱棚的建筑规划及施工。塑料大中拱棚的施工建设要综合考虑自然条件和生产条件，做到合理选址、科学规划、规范施工。

1. 棚址选择

塑料大中拱棚建设的地址宜选在土地平整、水源充足、背风向阳、无污染的地点。

（1）光照条件。光照是塑料大中拱棚进行生产的主要能源，它直接影响着大棚内的温度变化，影响着作物的光合作用。为保障塑料大中拱棚有足够的自然光照条件，棚址必须选择在四周没有高大建筑物及树木遮阴的地方，以向南倾斜 5°～10° 的地形为宜。

（2）通风条件。选择在既要通风良好又要尽量避免风害的地点建棚，避开风口且通风良好，有利于作物生长。

（3）土壤条件。选择土层深厚、有机质含量高、灌排水良好的黏壤土、壤土或沙壤土地块。

（4）水源条件。应用拱棚生产必须有水源保证，要选择水源较近、排灌方便的地区。

（5）交通条件。选择便于日常管理，便于生产资料和产品的运输，距离村庄较近的地点。

2. 总体规划

塑料大中拱棚的建设应做到科学规划、因地制宜、就地取材、节约成本，尽量做到规范化生产、规模化经营。

（1）规模。为了便于管理，在尽量提高土地利用率的前提下，要求棚群排列整齐，棚体的规格统一，位置集中。可采取棚群对称式排列，大棚东西间距不少于 2 米，棚头之间留 4 米的作业道，为日常生产和管理创造方便条件。棚体长度以 40～60 米为宜，最长不超过 100 米，跨度 5～12 米，在相同条件下，宽与长的比值越小，抗风能力越强，宽与长的比值一般为 1：5。棚体高度以能满足作物生长的需求和便于操作管理为原则，要尽可能低以减少风害，棚体以中高 1.8～2.4 米、中边高 1.6～2.0 米、边高 1.3～1.5 米为宜。

（2）方向。棚体的方向决定了棚内的光照条件和温度，春、秋季节，南北向塑料大中拱棚抗风能力强，日照均匀，棚内两侧温差小。因此，规划时棚体以南北走向为主，也可根据地形特点，因地制宜，合理利用土地面积。

（3）棚架与基础。棚架的结构设计应力求简单，尽量使用轻便、坚固的材料，以减轻棚体的重量。施工时，立柱、拱杆、压杆要埋深、埋牢、捆紧，使大中拱棚成为一体。

3. 建造

（1）搭建拱架。按照总体规划，在选好的建棚地块内放线，即按照规划，依拱棚跨度和长度画两条对称的延长线作为拱棚的边线。钢架结构的大中拱棚需将拱架两端或做好的辅助钢叉钉入土中或埋设水泥墩进行架设。

（2）架设纵拉杆。钢架结构的大中拱棚固定钢架后，一般使用同直径的钢管或使用钢筋焊接；跨度较小的拱棚可不设纵拉杆，用细钢丝作横拉杆。

（3）铺设地锚。为防止大风揭棚，一定要铺设地锚，不能以隔一段距离使用斜向钉入的木桩代替。在棚体四周挖一条 20 厘米宽的小沟，用于压埋薄膜四边，在埋薄膜沟的外侧埋设地锚，地锚用钢丝铺设在棚两侧，使用埋深70～80 厘米的锚石固定。

（4）扣膜。棚上扣塑料薄膜应在晴天无风的天气进行，早春应尽早扣膜以提高地温。根据通风方式的不同，有两种扣膜方式，一种是扣整幅薄膜，通过拱棚底脚放风；另一种是宽窄膜式扣膜，即将薄膜分成宽窄两幅，每幅膜的边缘穿上绳子，上膜时顺风向压 30 厘米，宽幅膜在上，窄幅膜在下，两边拉紧。棚膜上好后要铺展拉紧，四周用土压紧膜边，然后用压膜线拉紧。

（二）日光温室

日光温室即节能日光温室的简称，也称暖棚，由支撑骨架、覆盖材料、两侧山墙、围护后墙体组成，通过充分利用太阳能进行早春甜瓜抢早栽培，是我国北方地区独有的一种温室类型。日光温室设施简易，前坡面可充分利用太阳能，单坡面塑料，其他三面则是围护墙体。夜间前坡面需要使用保温材料进行覆盖。日光温室的主要功能是采光储热、防风换气、调温调湿等。在设计日光温室时，首先要考虑温室的采光问题，使阳光能够最大限度地透射到温室内。节能型日光温室的透光率一般在 60％～80％，室内温度保持在 21～25℃。

1. 日光温室的结构

日光温室主要由前屋面、后屋面、围护墙体 3 部分组成，其主要结构还包括中柱、柱脚石、墙基、不透明覆盖物、防寒沟等。

墙体作为日光温室的围护结构，是温室防寒保温的重要屏障，将墙内侧涂成白色，可使光照强度提高 10％；后屋面的作用是阻止温室的热量散失、防寒保温，其仰角角度非常重要，仰角过大，则不利保温；仰角过小，则不利作物的生长。前屋面必须有足够的强度，不能变形或倒塌，以抵御大风雪的重压荷载。温室前屋面角度影响透光率，角度应确保在 20.5°～31.5°，底角地面处的切线角度应保证在 60°～68°。南北方向的绝对间距为日光温室的跨度，一般以 6～7 米为宜。活动保温覆盖物是温室保温防寒的重要组成部分，以柔韧的毛毡、草帘、棉被等为主要材料。防寒沟用于阻隔温室土壤温度横向外向传导，以便温室地温保持稳定。中柱、柱脚石、墙基等主要用于保障温室结构的稳固性。

墙体的建筑结构大致可分为砖石结构、干打垒土、复合结构等。温室前屋面形态一般包括二折式、三折式或微拱式、拱圆式等形式；后屋面的长度也有着长后坡与短后坡的区别等。

2. 日光温室的方位

日光温室主要在冬季、春季、秋季应用。北方冬季日出在东南方，太阳高度较低，日落在西南方，故而日光温室多采用坐北朝南的方位；东西延长温室的长度通常以 50～60 米为宜；偏西 5°～10°较好，有利于延长阳光透射时间以及夜间的保温，最大限度地保障光照效果。

3. 屋面角采光角度

日光的透射角度影响屋面透明材料的透光率。通常情况下，光线入射角为 0°～40°时影响最小，且光量的反射损失率较低；光线入射角为 40°～60°时，透光率与入射角成反比；当光线入射角大于 60°时，透光率急剧下降。由此可见，光线入射角在 40°～50°为影响透光率的临界点。通常，以冬至日阳光对温室采光面最大投射角度达 50°时，设定为日光温室最合理屋面角采光角度。

4. 保温性能设计

日光温室的保温性能是通过温室前屋面活动保温部分及其围护墙体结构部分来实现。

(1) 以塑料膜作为前屋面透光材料，具有低成本、高效、节能等特点，在室外温度不低于－25℃时，可保持温室内温度超过 5℃；前坡面的外层覆盖的活动保温层，其保温材料的选用主要考虑柔性、质量、耐老化、防水性、便于机械化作业、成本等因素。阳光充足的采光时段，前屋面打开活动保温层，以便采光蓄热；当光照减弱，要及时覆盖活动保温层，以辅助温室保温。

(2) 山墙和后墙可采用异质复合板作墙体。内墙宜选用砖或石头等吸热性能强的材质，以增强墙体的载热能力，达到白天吸热蓄温、夜间释放热量的目的；外墙宜采取夹心墙或使用空心砖等隔热性能好且导热系数小的材料；内外墙均以黏土砖砌筑，中间以珍珠岩或炉渣填充，以达到预期的保温效果。

(3) 日光温室的保温设计还需注重减少地中横向传导散热的问题。温室前底角下的横向传导散热是热量散失的主要因素。减少地中横向传导散热可在前底角外挖出宽 30 厘米、深 40 厘米的防寒沟，再衬上薄膜，装入杂草将其包严，最后盖土踩实。高纬度地区可根据实际情况，适当增加防寒沟的宽度和深度，在有条件的情况下，最好在前底角下埋设泡沫板，会大大增加温室保温性能。

(4) 注意减少缝隙散热。严冬时节，日光温室的内外温差较大，即使有很小的缝隙也会形成强烈对流，导致热能散失。设置作业间及在靠门处用薄膜隔出缓冲带，可有效减少缝隙散热。另外，还要避免后屋面墙体建造有缝隙；草泥垛墙应避免分段构筑，采取斜接，适当增加其厚度；前屋面覆盖薄膜不采用穿孔的方法；用空心砖、黏土砖筑墙，墙面需要抹灰，严防缝隙散热。

第三部分

甜瓜关键栽培技术

一、集约化育苗技术

培育无病壮苗是设施甜瓜栽培成功的关键技术和主要环节。

（一）种子处理

甜瓜种子处理主要有温汤浸种、药剂处理等方法，目的是促进种子吸水，保证发芽快而整齐，并对种子表面及内部进行消毒防病。

（1）温汤浸种。在浸种容器内盛放 3 倍于种子体积的 55～60℃的温水，将种子倒入容器并不断搅拌，待水温降至 40℃左右时，停止搅动，浸种 3～6 小时（浸种时间视种子大小、新旧、饱瘪、种皮薄厚、温度而定），后充分沥干待催芽。温汤浸种不仅使种子吸水快，同时还可以杀死种子表面的病菌，是甜瓜生产中最常用的浸种消毒方法。

（2）药剂处理。指利用各种药剂直接对种子进行消毒灭菌处理。①防治瓜类枯萎病、炭疽病。用 40%福尔马林 100～300 倍液浸种 15～30 分钟。②防治病毒病。将种子用清水浸 4 小时后，再浸于 10%磷酸三钠溶液中 20～30 分钟后洗净，可起到钝化病毒的作用。③防治炭疽病和白粉病。用 50%多菌灵可湿性粉剂 500～600 倍液浸种 1～2 小时后捞出，清水洗净，待催芽播种。④防治各种真菌病害和病毒病。用 2%氢氧化钠溶液浸种 10～30 分钟。⑤防治瓜类细菌性病害。用 4%氯化钠 10～30 倍液浸种 30 分钟。⑥防治霜霉病、炭疽病。用 50%代森铵 200～300 倍液浸种 20～30 分钟。⑦预防立枯病、霜霉病等真菌性病害。用 0.1%甲基硫菌灵浸种 1 小时，取出，再用清水浸种 2～3 小时。

药剂消毒时，必须严格掌握药剂浓度和处理时间，当达到规定的药剂处理时间后，注意及时用清水淘洗干净（否则可能发生药害），然后在 30℃的温水中浸泡 3 小时左右。浸种时应注意浸种时间不宜过短或过长，时间过短，种子吸水不足，发芽慢；时间过长，种子吸水过多，易裂嘴，影响发芽。一般新种子、饱满种子浸种时间可适当长些，在 4 小时左右；陈种子、饱满度差的种子及薄皮甜瓜种子浸种时间 2～3 小时。砧木种子用温水浸泡 4～8 小时。

（二）播种

1. 基质混拌

基质的种类很多，混拌的方式和比例也有很多。虽然目前国内外均以草炭和蛭石按体积比 2：1 混合最为理想，但基质种类多样，生产中应用时应符合方便、实用和质量好的原则，无论选择何种基质，混合必须充分均匀。

此外，现在将各种营养成分通过适当方式加入原始基质中的育苗基质，也被叫做营养基质，这种基质的混拌原则跟原始基质的混拌是一致的，必须充分拌匀，否则影响将来的出苗和成苗的生长发育。

2. 装盘

无论人工或机械装盘，都以自然装满即可，不可局部按压，这样可保证每盘每个孔穴装基质的量均匀一致。

3. 浇水

原始基质浇水时要彻底浇透，营养基质浇水时要湿而不透，以免造成养分的淋失。经过试验研究，在炎热季节播种，必须采用低浓度的生长调节剂溶液来代替普通底水浇灌，具体可采用国产 CCC（矮壮素）25 毫克/升的溶液进行浇灌，其余基本可不用。

4. 压印

可采用人工制作的压印板压印。薄皮甜瓜等小粒种子压印的深度一般保持在 0.5～1.2 厘米即可，大粒种子可适当深播；每个孔穴的压印深度要一致，以保证出苗整齐。

5. 催芽

催芽室内的催芽温度应设定为 28～30℃，24 小时后开始出芽，2～3 天基本出齐，一般 24 小时后应每 6 小时观察一下出芽情况，应实现恒温催芽。催芽至芽体长度为 0.1～0.5 厘米、露白为宜，出芽太长，在播种时容易折断或者播种后出土能力变弱，出芽率 70% 左右时要根据不同天气情况随时观察和调查出苗情况，待种苗出土露头，及时打开薄膜防止烤苗和徒长，炎热季节还应适当喷雾以降温和保湿。如遇特殊情况不能及时播种，须把催好芽的种子，摊开，盖上湿布，放入 10～15℃ 冷凉环境中，以免其继续发芽；不具备 10～

15℃条件也可短暂放入冰箱冷藏环境中,以延缓其发芽生长速度。

6. 绿化

绿化的时间较短,出苗后只要及时实行变温管理(四段变温管理)即可正常绿化。此期要防止浇水方法不当,如浇水量太多或水温过低易造成幼苗发生生理障碍,导致死苗;还要特别防止猝倒病的发生,环境管理是关键,辅以适当的药剂可以起到一定的防治作用。

7. 播种

将种子平放在压印孔内,使其朝向一致,催芽后的种子使用时注意不要伤到种子幼芽。覆土厚度约1厘米。

8. 保湿、覆盖

播种完毕后要及时保湿、覆盖。先用粒状蛭石或混合好的原始基质或营养基质覆盖,覆盖要保证充分盖满播种穴;同时还要刮平至每个孔穴是单独的,即每个孔穴的分隔线清晰可见,避免将来发生根系病害后相互传染;同之前装盘时一样,不能局部按压。此外,还应覆盖地膜保湿,在炎热季节还应使用遮阳网或报纸等避免阳光直射苗盘,如果采用室内催芽,则可以不覆盖地膜等。

9. 成苗

从绿化到成苗是育苗的主要过程,也是管理最为关键的时期,具体应从以下三方面入手。

(1)温度控制。白天温度宜为25~28℃,夜间温度宜为15~18℃,防止低温与高温引起苗期病害发生。

(2)水肥管理。保持育苗基质湿润,避免过干过湿,以基质相对湿度60%~80%为宜。在幼苗长至1片真叶展开后,可喷施一次全元素的叶面肥以补充可能缺乏的营养元素。

(3)化学调控。如在夏季育苗或春季遇较高夜温,容易造成秧苗徒长,可采用生长抑制剂进行株型调控,有效抑制徒长,促进根系发育,提高秧苗干物重,增强秧苗活力及其他有关生理特性,达到培育壮苗及增加产量的目的。

(三)嫁接技术

嫁接是提高甜瓜抗病性、抗逆性和丰产性的有效措施。在集约化育苗条件下,与传统靠接、劈接等嫁接方式相比,插接法和双断根插接法具有嫁接效率高、发根多、根系活力强、成活率高等突出优点。

瓜类存在连作障碍,即连续种植造成土壤中病虫基数积累,形成土壤传播病害,严重影响瓜类的产量和品质。嫁接可以降低病害的发生率,提高产量,对甜瓜品质基本无影响。因此，甜瓜嫁接技术已成为一项无公害、绿色、增产、节能的创收技术，得到了大力推广，尤其适合耕地面积小难以实现轮作的地区和设施栽培。

目前日光温室广泛采用穴盘营养基质育苗，有专门育苗床架摆放苗盘，嫁接育苗应在床架上设置可拆卸小拱棚，以便调节嫁接后愈合过程中的环境因子。日光温室嫁接过程为：根据不同嫁接方法适期播种，在砧木和接穗长到合适大小时，做好嫁接前准备；砧木一般在嫁接前一天喷洒百菌清等消毒杀菌，且在嫁接前一天对砧木和接穗浇水要浇透，用于嫁接的刀片和嫁接针要用75％的酒精消毒；嫁接时，嫁接环境要保证无直射光照，温度低于30℃；嫁接后迅速将嫁接苗移入安插小拱棚的苗床上，做好温、湿、光等环境因子的调控。

以下为日光温室甜瓜工厂化嫁接育苗技术。

1. 播种

砧木、接穗干籽直接播于盛有无土营养基质的穴盘中，播后覆土（砧木一般为1.5厘米厚，接穗1厘米厚），覆土后用刮板刮平，去掉多余基质，浇透水，置于催芽室中催芽，待种子萌发后摆于专用育苗床床架上。采用插接法时，砧木种子较接穗种子早播3～5天。

2. 嫁接方法

（1）劈接。去掉砧木生长点，用刀片从生长点一侧（防止切到空腔）垂直向下切0.5～0.8厘米；然后在接穗苗子叶基部0.5厘米处平行于子叶两面各斜削一刀，切面长度与砧木切面长度一致；将切好的接穗插入砧木切口内，然后用嫁接夹固定。

（2）插接。应先播砧木种子，后播接穗种子，接穗在砧木出土时（即播后3～5天）播种。待砧木苗下胚轴直径在0.5～0.6厘米，接穗苗直径在0.3～0.4厘米时嫁接，即以砧木苗高7～10厘米长出真叶、接穗子叶展平时嫁接为宜。嫁接方法是：先削去砧木的生长点，用一根比接穗胚轴稍粗的竹扦削成竹扦刀。使竹扦刀斜面朝上，从砧木一个子叶基部离生长点2～3毫米的主脉处插进，通过生长点向下方插向另一个子叶的皮层处，不要插破表皮，孔长约0.6厘米，然后把削好的接穗（削成0.6厘米长的楔形）顺竹扦插入的位置插好，并稍用一点力，以摇动时不掉为度。用此法嫁接，一般可不用嫁接夹。

（3）断根嫁接。嫁接时用刀片将砧木从茎基部断根，去掉砧木生长点，用竹扦紧贴子叶叶柄中脉基部向另一子叶叶柄基部成45°左右方向斜插，竹扦稍穿透砧木表皮，露出竹扦尖；然后在接穗苗子叶基部0.5厘米处平行于子叶斜削一刀，再垂直于子叶将胚轴切成楔形，切面长 0.5～0.8 厘米；拔出竹扦，将切好的接穗迅速准确地斜插入砧木切口内，尖端稍穿透砧木表皮，使接穗与砧木吻合，子叶交叉呈"十"字形。嫁接后立即将断根嫁接苗插入 50 孔穴盘内进行保温育苗。

（4）双根嫁接。当砧木第 1 片真叶长至 0.5 厘米大小、接穗第 1 片真叶充分展开时即可嫁接。首先把两种砧木幼苗从苗盘移出，注意不要伤根；然后分别在两种砧木子叶下 1.0 厘米处向上 30°角斜切，切除生长点和 1 片子叶，斜切面长约 1.0 厘米；而后将切好的两砧木以切面相对靠合（注意应保证两切面一致，不能错位），并在两砧木靠下的茎部用嫁接夹固定；在接穗子叶下 1.5 厘米处选择相对的两侧面斜向下 30°角斜切成楔形；然后把接穗接到已经靠合固定的双砧木上，注意应把接穗切面和砧木切面靠紧对齐，并用嫁接夹固定嫁接接合处；最后把嫁接苗移入苗盘进行正常管理。

（四）砧木选择

砧木种类或品种选择对甜瓜嫁接栽培后的成活率、抗病性、产量和品质具有较大影响。用于甜瓜的砧木首先应有较强的亲和性，选择甜瓜近缘植物，嫁接简单方便，成活率高；其次要抗病，特别是对枯萎病有较强的抗性；最后，嫁接砧木后所得果实具有较高的品质，砧木对果实品质等负面影响影响最小。

（1）甜香砧。南瓜杂交种，甜瓜专用砧木。亲和力强、成活率高、生长势强，嫁接后不改变甜瓜原有的风味，甜度、品质，能提高甜瓜含糖量。嫁接后高抗枯萎病、黄萎病、青枯病等多种土壤病害。砧木同甜瓜接穗的蔓茎比更小，可提高甜瓜春季的耐低温能力，促进根系发育，增加产量，同时可增强甜瓜耐高温能力，适合夏季、秋季栽培。

（2）日本雪松。南瓜杂交种，西瓜甜瓜共用砧木种子。嫁接后可提高甜瓜产量。耐热性、耐寒性均强，植株长势旺盛，苗粗细中等，空洞少，硬度适中，亲和力好，适合各种嫁接方法，嫁接成活率高。

（3）圣砧 1 号。南瓜杂交种，甜瓜嫁接砧木。生长强健，高抗枯萎病，嫁接亲和力良好，成活率高，不早衰，吸水吸肥能力强，耐低温，可多年连作，嫁接后的甜瓜病害发生少，结果率高，品质更佳，产量更高，是甜瓜嫁接的理想砧木。

（4）崛京隆。杂交 1 代白籽南瓜，西瓜、甜瓜共用型嫁接砧木。幼苗髓腔紧实，嫁接亲和力高，对接穗品质影响极小，根系强大，对枯萎病等土传性病害免疫，抗寒、抗旱，坐瓜稳健。

（5）壮士。西瓜、甜瓜等共用砧木，小籽南瓜杂交种。生长势强健，根部抗镰刀菌枯萎病、萎凋病等，嫁接亲和性良好，吸水吸肥能力强，低温生长性强。

（6）昌砧川甲。甜瓜砧木，杂交 1 代南瓜种。籽粒饱满，发芽力强，髓腔紧实，具有极高的嫁接亲和力与共生亲和力，抗早衰，膨瓜迅速，结果性及二次结瓜性强。

（7）夏特。甜瓜籽，甜瓜专用砧木品种，胚轴粗壮，易嫁接，耐蔓割病和斑点病。低温下生长速度快，亲和性高，嫁接长势旺且不影响甜瓜的品质。

（8）司令。大粒南瓜种，西瓜、甜瓜等共用砧木。长势旺盛，耐逆性强。适合温室、大棚、露地使用。嫁接甜瓜后高耐蔓割病、斑点病，耐根腐病。嫁接后，甜瓜品质风味不受影响，商品性好。

（9）强根。砧木杂交优势突出，嫁接后共生亲和力好，低温弱光下吸肥吸水能力强，抗枯萎病，可在重茬地连作种植。嫁接后对甜瓜品质影响甚小，不影响坐瓜节位。对抗病、高产能起到决定作用。

（10）青园力砧。由日本引进的杂交 1 代南瓜种子，西瓜、甜瓜等共用砧木。商品性极高，抗枯萎病，抗根结线虫，千粒重 110 克左右。

（五）嫁接苗管理

除砧穗亲和性外，对嫁接成活率影响最重要的因素是嫁接后苗期的管理。日光温室环境因素的调控方法如下。

（1）温度管理。提高温度有利于嫁接愈合，嫁接愈合过程中需要消耗物质和能量，提高温度有利于这一过程顺利进行。但温度也不能太高，否则同化作用消耗太多反而影响成活。嫁接后 3 天内，保持白天温度 25～28℃，夜间气温 18～20℃，最低不能低于 15℃。苗床温度低于 15℃时，应提前在苗床上铺设接通有控温仪的地热线，地热线上下铺无纺布，以便保温和防止局部过热。在炎热的夏季，棚里温度过高可用湿帘等降温。

（2）湿度管理。减少接穗水分蒸腾量至最小是提高成活率的关键因素。嫁接后将苗床浇透水，然后密闭小拱棚，创造一个高湿环境，棚内空气相对湿度宜保持在 95% 以上。为了保证湿度要求，设置的小拱棚高度要适宜，一般为80 厘米左右。小拱棚内空气相对湿度低于 95% 时，可在无纺布上增铺塑料布，防止水分的蒸发，也可在嫁接后的傍晚至清晨在嫁接苗上铺白色地膜。在连雨季，日光温室内湿度过高，导致小拱棚内湿度也过高，相对湿度达 100%，此时要注意防止湿度长期过度饱和，在嫁接苗接口处形成水膜，妨碍伤口愈合；

同时也要注意细菌感染，要在满足嫁接后通风要求下，尽量多通风换取新鲜空气。嫁接愈合前浇水不利于伤口愈合，且易感染细菌病害，在能保证湿度的条件下嫁接后 3 天内尽量不要往嫁接苗上喷水，3 天后在必要条件下，可喷少许水。

（3）光照管理。嫁接后在日光温室外用遮阳网进行外遮阳。嫁接后 3 天内，在小拱棚外要用黑色薄膜或遮阳网等遮光，第 4 天起，早晚两侧见光，并逐渐增加透光量。嫁接 7 天后只在中午遮光，嫁接 10 天后撤除里外遮光物。遮光是为了防止接穗蒸腾过大而萎蔫。嫁接愈合过程是一个消耗能量的过程，在能保证光照不是很强的情况下，还是应该让嫁接苗早见光、多见光。生产上光照度 5 000 勒克斯、12 小时光照是嫁接成活、生长优良、培育健壮苗的实用条件；而在弱光条件下，光照时间越长越好。嫁接后短期内遮光实质上是为了防止高温和保持环境内的湿度，避免阳光直接照射幼苗，引起接穗凋萎。在嫁接后晴天中午要根据光照强度，适当增加遮光物。

（4）通风换气。嫁接后第 4 天可揭开薄膜两头换气 1～2 次；嫁接 5 天后嫁接苗新叶开始生长，应增加通风量；嫁接 7～8 天后基本成活，开始正常管理。每天逐渐增大通风量，且在刚开始通风时要保证经过的风是微风。遇到大风天气应及时关闭温室的风口再进行通风，防止大风带走水分。

此外，嫁接后发现砧木有新的芽发出时，要及时去除，防止与接穗争夺养分，保证接穗顺利生长。

（六）定植

适时定植嫁接苗是稳产高产的关键。甜瓜嫁接苗一般在甜瓜 2 叶 1 心时即可定植。定植深度不宜没过接穗接口，以免造成接穗生根影响嫁接效果。

定植后，一般一周内不通风，保持棚温白天 30～35℃，夜间 17～20℃，10 厘米地温应在 18℃以上。当棚内夜温达不到 15℃时，要覆盖棉被。在定植后 2～5 天中耕 1 次，以疏松土壤，提高地温，增强土壤通透性，利于幼苗发根。应适当减少基肥的用量，坐瓜后宜加施追肥，增大磷钾肥用量，以加速果实膨大。

定植后应注重病虫害的防治，一般在浇水前一天喷药防病。以防治细菌性病害及真菌性病害如灰霉病、霜霉病、炭疽病、白粉病。用 75％百菌清 600～800 倍液防治霜霉病、灰霉病；72％农用链霉素 300～400 倍液防治细菌性病害；50％腐霉利 1 500～2 000 倍液防治灰霉病；80％多菌灵 600 倍液防治炭疽病；50％甲基硫菌灵和 50％代森锰锌按 1∶1 混合，600～800 倍液防治白粉病、炭疽病。如遇连续阴天每亩用45%百菌清烟剂250～300克防治霜霉病、灰霉病；每亩用10%腐霉利烟剂200～250克防治灰霉病。虫害主要为白粉虱、蚜虫危害，可用5%吡虫啉1 000～1 500倍液防治。一般病虫害发生后5～7天用药一次，连用2～3次即可治愈。

(七) 苗期调控

(1) 营养管理。采用营养液育苗应采用四阶段营养管理，即将预定育苗期人为分成5个阶段。第一阶段实行一次营养液两次清水，第二阶段实行一次营养液一次清水，第三阶段实行两次营养液一次清水，依此类推；采用营养母剂配制的营养基质或类似基质育苗则管理相对简单，但浇水要注意，每次浇水要掌握湿而不透的原则，这需要长期的生产经验才能做到。如果这种营养管理到后期由于管理不当造成缺肥或脱肥现象，则可以适当补充一两次营养液。另外，如果使用的营养液成分不明，后期应补施全元素的叶面肥以补充可能缺乏的营养元素。

(2) 化学调控。穴盘的特殊结构形成了幼苗发生徒长的天然条件，即营养面积很小，地上部对幼苗的株型发育有很大的影响。徒长苗不仅影响幼苗本身质量，还影响幼苗的商品性，因此穴盘苗的株型必须得到有效调控，才能保证秧苗质量。

甜瓜壮苗标准：自根苗苗龄15天以上，嫁接苗苗龄30～35天，3叶1心，苗高15～20厘米，茎粗0.3～0.5厘米，叶片肥壮，叶色浓绿，无病虫害，根系发达、色白，能够完整包裹住根坨。

二、病虫害绿色防控

(一) 土壤消毒技术

设施甜瓜规模化种植轮作倒茬困难，生产中长期使用农药和化肥，造成土壤次生盐渍化、养分失衡、作物根系分泌物及病原菌不断积累、生态环境逐渐恶化，进一步加重病虫害发生，甜瓜产量下降、品质变劣等问题日益突出。

适时适地开展土壤消毒可有效缓解连作障碍问题，减轻土传病害发生程度，同时结合生物菌肥的使用等措施快速改良土壤，可有效恢复设施土壤生产力。利用太阳能与有机质高温处理、臭氧熏蒸处理、药剂处理等技术，均可有效防治甜瓜枯萎病、疫病、果斑病、蔓枯病、根结线虫病等土传病害和各种地下害虫危害。

1. 化学药剂消毒

对土传病害较重，尤其根结线虫危害严重的地块，可选用石灰氮、威百亩、棉隆和氯化苦进行消毒。

（1）针对设施甜瓜连续种植 5 年以上的日光温室或大棚，主要采用石灰氮进行土壤消毒。

石灰氮在其分解过程中会产生氰胺和双氰胺，这两种物质具有消毒、灭虫（根结线虫等）、防病（枯萎病、立枯病等）的作用。根据报道，使用石灰氮作为土壤消毒剂，对甜瓜枯萎病的防治效果高达 86.4％。石灰氮不仅可以防病，还可以改善土壤的酸碱性，为甜瓜提供钙肥和氮肥，增强土壤微生物活性等。

高温闷棚结合石灰氮消毒的方法是目前较安全且应用较广泛的一种土壤消毒技术。具体操作步骤简单概述为：清洁棚室、施入碎秸秆和石灰氮、深翻土壤、灌水、覆盖地膜并关闭温室，进行 20 天左右的封闭处理后，揭开棚膜和地膜进行放风，待充分晾晒后，做畦起垄补施生物菌肥。在夏季高温季节（7—8 月），结合高温闷棚应用秸秆＋石灰氮消毒技术，既可以使甜瓜根结线虫及其虫卵等失去活性，又可以消灭土壤中的病原菌。

总体来说，石灰氮不仅是一种高效的土壤消毒剂，同时还有促进土壤有机质分解、减轻土壤酸化、调节平衡、促进钙质吸收等作用，尤其对棚室内甜瓜重茬引发的多种土传病害具有良好的防治效果，可提高甜瓜的产量和品质，提高经济效益。

（2）针对设施甜瓜连续种植 3 年以上的日光温室或大棚，主要采用威百亩进行土壤消毒。

威百亩，又名维巴姆、线克、斯美地、保丰收。是具有熏蒸作用的土壤杀菌剂、杀线虫剂，兼具除草和杀虫作用，用于播种前土壤处理。对黄瓜根结线虫病、花生根结线虫病、烟草线虫病、棉花黄萎病、十字花科蔬菜根肿病等均有效，对马唐、看麦娘、马齿苋、豚草、狗牙根、石茅和莎草等杂草也有很好的防治效果。

土壤质地、湿度和 pH 对威百亩的释放有影响。用威百亩处理前，应确保土壤中无大土块，土壤湿度必须是 $50％\sim75％$，表土 $5.0\sim7.5$ 厘米深度的土温为 $5\sim32℃$。

首先安装好滴灌设备，将威百亩试剂溶于水，然后采用负压施药或压力泵混合进行滴灌施药。施药的浓度应控制在 4％以上，过低的浓度，威百亩易分解，用水应为 $20\sim40$ 升/米^2。

（3）棉隆，又名必速灭、二甲噻二嗪。是一种广谱性的土壤熏蒸剂，可用于新耕地、盆栽、花圃、苗圃、木圃及果园等。棉隆施用于潮湿土壤中会产生异硫氰酸甲酯气体，迅速扩散至土壤团粒间，使土壤中各种病原菌、线虫及杂草无法生存而达到杀灭效果。对土壤中的镰刀菌、腐霉菌、丝核菌、轮枝菌和刺盘孢菌等，以及短体线虫、肾形线虫、矮化线虫、剑线虫、垫刃线虫、根结线虫和孢囊线虫等有较好防效，对萌发的杂草和其他地下害虫也有很好的防治效果。

施药前应仔细整地，撒施或沟施，深度 20 厘米；施药后立即混土，加盖塑料薄膜，如土壤较干燥，施用棉隆后应浇水，相对湿度应保持在 76％以上，然后覆上塑料薄膜，土壤的温度应在 6℃以上，最好在 12～18℃。覆膜时间受气温影响，温度低，覆膜时间就长。揭膜后，翻土透气，土温越低，透气时间越长。棉隆的活性受土壤的温度、湿度及结构的影响，施药的剂量应根据当地条件进行调整。

（4）氯化苦，又名氯苦、硝基氯仿。是一种对真菌、细菌、昆虫、螨类和鼠类等均有灭杀作用的熏蒸剂，尤其对重茬病害有很好的防治效果。连续使用对土壤及农作物无残留，也无不良的影响，对地下水无污染。

氯化苦有杀虫、杀菌、杀线虫和灭鼠等作用，但毒杀作用比较缓慢。药效与温度成正相关，温度高时，药效显著。

氯化苦属于危险化学品，是国家公安、安检部门专项管理的产品之一。经试验，该产品用于农业土壤消毒和防治草莓重茬病害，效果良好，且无残留、无公害。发达国家将该产品主要用于土壤消毒，是联合国环境规划署（UNEP）甲基溴技术选择委员会（MBTOC）推荐的重要替代产品之一。但该产品在施药技术、安全运输保管、专用施药机械、工具养护等方面有严格要求。

施药前，首先旋耕 20 厘米深，充分碎土，拣净杂物，特别是作物的残根。氯化苦不能穿透病残体的内部，不能杀灭残体内部的病原菌，这些病原菌很容易成为新的传染源。土壤湿度对氯化苦的使用效果有很大的影响，湿度过大、过小都不宜施药。使用专用的氯化苦施药机械进行施药，施药时，土温至少 5℃以上。

施药后，应立即用塑料膜覆盖，膜周围用土盖上。地温不同，覆盖时间也不同，具体如下：低温 5～15℃，覆膜 20～30 天；中温 15～25℃，覆膜 10～15 天；高温 25～30℃，覆膜 7～10 天。

在施药前，首先准备好农膜，边施药边盖膜，防止药液挥发。用土压严四周，不能跑气漏气。农户须随时观察，发现漏气，及时补救，否则影响药效。漏气严重时应重新施药进行熏蒸。

2. 生物制剂消毒

辣根素（异硫氰酸烯丙酯）土壤消毒：①整地、施肥且深翻土壤 35 厘米以上，清除植株残体；②做垄并铺设滴灌带，整体或单垄覆盖塑料薄膜，用土将所覆薄膜四周压实；③适量浇水，使土壤湿度控制在 70％左右；④将辣根素水乳剂（用量根据上一茬作物的病虫害发生情况而定，一般建议滴灌 3～5 升/亩）兑水 15～20 升，搅拌均匀，随清水一同滴灌（辣根素滴灌不宜过快，建议滴灌 30 分钟左右），辣根素滴完后继续滴灌清水 1～2 小时；⑤密封 3～5 天后打开薄膜，5 日后即可定植。

（二）抗重茬菌剂的应用

1. 作用原理

应用微生物菌剂已成为改良土壤、解决重茬问题的一种重要途径。随着近些年来我国有益微生物筛选与研发技术的成熟，目前市面上已有商品化、应用效果良好的抗重茬菌剂产品。此类产品是根据植物微生态学理论，选用防病促生的芽孢杆菌、木霉菌等对蔬菜、瓜类土传病害具有良好抑制功效的高效菌株，运用现代微生物发酵技术加工制备而成的微生态制剂。其主要原理是通过菌株在作物根表、根际和体内定殖、繁殖和转移，充分发挥菌株微生态调控功能，达到预防土传病害、解决连作障碍及改良土壤的效果。抗重茬菌剂适用于连作较多的瓜类、草莓和蔬菜等多种农作物，是绿色生产和有机生产改良土壤的优选产品。

2. 功能优势

在甜瓜种植中运用抗重茬生物菌剂具有绿色、环保、安全、无副作用的优势，生物菌能通过占位、寄生、分解等抑制腐霉、疫霉等有害微生物，降低土传病害风险，有效缓苗、保苗。

生物菌可分泌合成多种有机酸、酶及其他生理活性物质等促进作物生长，增加作物产量，提高作物品质。

生物菌可以解磷、解钾、固氮，疏松土壤，在施加至土壤之后能够有效促进微生物的活动，提升各类肥料的利用效率。在使用过程中能够显著增加土壤有益微生物菌群，产生多种维生素与促生长因子，在甜瓜种植过程中能够有效实现生物菌与植物根共生，以此加强营养供给，提升植物对各类营养物质的利用效率。

3. 产品类型与使用方法

此类产品的规格不一，有效活菌数在 5 亿～1 000 亿/克不等，单位重量内含有的有效活菌数是衡量菌剂效能的因素之一，其他因素还包括生物菌的定殖、寄生、竞争、促生能力等。抗重茬菌剂的剂型一般有粉剂和水剂两种类型。

（1）粉剂使用方法主要为以下 4 种。①基施：将菌剂与肥料混合后均匀撒入地里，犁田耕耙播种；②穴施（条施）：将菌剂均匀施入穴或沟内，移栽或播种；③蘸根：将本品按说明稀释，移栽时甜瓜苗根浸蘸 30 分钟以上，然后移栽；④灌根：在重茬病害发病初期，按比例稀释后灌根。每亩用量参考具体产品的使用说明。

（2）水剂使用方法主要有 2 种：①按照推荐用量灌根或冲施；②按照推荐倍数滴灌，一般整个生育期滴灌 2～3 次。

4. 注意事项

（1）此类产品为具有活性的微生物，宜于阴凉干燥通风处贮存，避免阳光直晒。

（2）如与化肥、化学药剂混用，要现混现用；避免与春雷霉素混配。

（三）信息素诱杀

1. 昆虫信息素黄色诱虫板

（1）作用原理。针对粉虱、蚜虫、叶蝉、斑潜蝇等对黄色有较强趋性的小型害虫而研发；同时添加昆虫信息素。双重引诱靶标害虫，应用效果更佳。

（2）产品规格。25 厘米×30 厘米。

（3）应用技术。

①悬挂时间。从苗期和定植期起使用。

②悬挂数量。防治初期，在温室或露地每亩可以悬挂 3～5 片诱虫板，监测虫口密度；当诱虫板上诱虫量增加时，每亩悬挂 20 片；果树每棵悬挂 2 片，虫口密度高峰期可酌情增加诱虫板悬挂数量。

③悬挂方法。用铁丝或细绳穿过诱虫板的两个悬挂孔，将其固定在温室棚架或果树树枝上；或应用配套支架固定，并插入地里。

④悬挂位置。对低矮生蔬菜和作物，悬挂高度以距离作物上部 10～15 厘米为宜，根据作物的实际高度适当调整；对搭架蔬菜应顺行悬挂，使诱虫板垂直挂在两行中间植株中上部或上部；对果树，可以直接悬挂于叶片稀疏的枝条上。

2. 鳞翅目害虫诱芯及诱捕器

（1）作用机理。雌性鳞翅目夜蛾类成虫释放性信息素，雄成虫可沿着性信息素气味寻找到雌成虫，交配产卵，繁衍后代。诱芯利用仿生学，模拟雌成虫释放的性信息素，配套诱捕器捕获前来"亲密赴会"的雄成虫，减少雌成虫交配繁殖的机会，从而减少子代幼虫的发生量，保护寄主免受虫害。

靶标害虫为甜菜夜蛾、斜纹夜蛾、小地老虎等。

（2）产品形式。信息素诱芯、配套夜蛾类诱捕器。

（3）使用技术。

①使用时间。越冬代成虫扬飞前 1 周。

②悬挂方法。将信息素诱芯及配套夜蛾类诱捕器棋盘式悬挂于温室外面的过道或者温室的中间，放置高度以夜蛾类诱捕器的进虫孔距地面 1～1.5 米为最佳。

③悬挂用量。监测时每 2～3 亩用 1 套，防治时每亩用 1～3 套。

（四）天敌昆虫防治害虫技术

1. 瓢虫防治蚜虫技术

（1）蚜虫监测。

①黄板监测。按照 20～30 张/亩的密度将黄板均匀悬挂在甜瓜植株生长点 15 厘米上方，每天进行农事操作或巡棚的时候检查，任意一张黄板上出现两头有翅蚜即可开始防治。

②人工观察。作物定植后每天观察，一旦植株上发现蚜虫，即应开始防治。在释放天敌之前应统一调查整棚蚜虫的发生程度，一般情况下，蚜虫呈点片状发生，明确蚜虫发生的重点区域和危害程度是确定天敌释放方法和释放量的关键因素，对最终的防治效果影响很大。

a. 如每叶蚜虫的数量＞50 头，应先整棚喷洒化学药剂或生物药剂以压低虫口，在隔离期结束后再参照 b. 使用天敌进行持续控制。

b. 如每叶蚜虫的数量≤50 头，可按照益害比 1∶（15～20）来释放天敌。在每个防治周期内共释放 3 次瓢虫，每 5～7 天释放 1 次。

（2）释放方法。

①释放卵。傍晚或清晨将瓢虫卵卡悬挂在蚜虫为害部位附近，以便幼虫孵化后，能够尽快取食到猎物，避免阳光直射未孵化的卵卡。

②释放幼虫。将装有瓢虫幼虫的包装打开，将幼虫连同介质一同轻轻取出，均匀撒在蚜虫为害严重的枝叶上。

2. 蚜茧蜂防治蚜虫技术

蚜茧蜂属膜翅目姬蜂总科蚜茧蜂科蚜茧蜂亚科昆虫，是蚜虫的寄生性天敌之一，主要用于防治露地、温室或大棚内园艺作物上的桃蚜、菜蚜和瓜蚜，防效可达90%。蚜茧蜂成蜂将卵产于蚜虫体内，幼虫孵化后取食蚜虫体内组织和器官，幼虫老熟后在蚜虫体内结茧化蛹，并使蚜虫僵化形成僵蚜，成蜂羽化时从僵蚜背部咬一圆孔飞出。雌蜂羽化交尾30分钟后即可开始产卵，每头雌蜂一生平均可产200粒卵，每次产1粒。成蜂的寿命随环境条件而变化，一般为7～10天。环境温度15～35℃防治效果最好。商品化的蚜茧蜂一般为僵蚜形态的释放卡。

使用方法：田间监测黄色诱虫板上有2头有翅蚜时，就开始释放蚜茧蜂，露地：2 000～4 000头/亩；温室或大棚：800～1 000头/亩；释放1～2次，间隔5～7天；蜂迁飞半径可达30米，可根据情况设置放蜂点数量。

3. 智利小植绥螨防治叶螨技术

智利小植绥螨是二斑叶螨的专食性天敌，它可以在二斑叶螨的网间自由穿梭，并具备远距离捕食二斑叶螨和扩散等本领，能够较好控制二斑叶螨的数量。

（1）早期监测。在害螨发生初期、密度较低时（一般每叶害螨在2头以内）应用天敌，害螨密度较大时，应先施用一次药剂进行防治，间隔10～15天后再释放天敌。天气晴朗、气温超过30℃时宜在傍晚释放，多云或阴天可全天释放。

（2）释放数量与次数。每亩释放9 000～18 000头，一般整个生长季节共释放2～3次，如释放后需使用化学杀虫杀螨剂防治其他虫害，可能也会将智利小植绥螨杀灭，需在用药后10～15天再补充释放天敌。

（3）释放方法。撒施法，将智利小植绥螨包装瓶打开，将智利小植绥螨连同包装介质一起均匀撒施于植物叶片上，2天内不要进行灌溉，以利于地面的智利小植绥螨转移到植株上。

4. 巴氏新小绥螨防治蓟马/茶黄螨技术

（1）早期监测。

①蓝板监测。按照20～30张/亩的密度将蓝板均匀悬挂在甜瓜植株生长点15厘米上方，每天进行农事操作或巡棚的时候检查，任意一张蓝板上出现2头蓟马成虫即可开始防治。注意：悬挂黄板对蓟马成虫也具有诱杀作用，但蓟马对蓝板的趋性大于黄板。

②人工观察。作物定植后每天观察，一旦植株（花）上发现蓟马，即应开

始防治。在蓟马发生初期、密度较低时〔一般每叶（花）蓟马数量在 2 头以内〕，应用天敌；蓟马密度较大时，应先施用一次药剂进行防治，间隔 10～15 天后再释放天敌。天气晴朗、气温超过 30℃时宜在傍晚释放，多云或阴天可全天释放。

（2）释放数量与次数。每亩释放 20 000～40 000 头，一般整个生长季节释放 2～3 次，如释放后需使用化学杀虫杀螨剂防治其他虫害，可能也会将巴氏新小绥螨杀灭，需在用药后 10～15 天再补充释放天敌。

（3）释放方法。撒施法，将巴氏新小绥螨包装袋剪开，将巴氏新小绥螨连同培养料一起均匀撒施于植物叶片上，2 天内不要进行灌溉，以利于地面的巴氏新小绥螨转移到植株上。

巴氏新小绥螨对茶黄螨的预防效果要优于防治效果。具体方法：参考往年茶黄螨发生的时期，提前 2 周或在甜瓜定植 1 个月后开始释放捕食螨预防茶黄螨，释放量与方法同上。

实践表明，提前释放捕食螨对茶黄螨和蓟马均表现出良好的预防效果，可大大延迟害虫（害螨）的发生时期，减轻害虫（害螨）的危害程度。

5. 东亚小花蝽防治蓟马技术

（1）早期监测。出现蓟马成虫即开始防治。轻度发生：色板上出现 1～2 头蓟马，每朵花上蓟马数量低于 2 头；重度发生：色板上蓟马数量大于 2 头，每朵花上蓟马数量大于 10 头。

（2）释放量。预防性时，释放密度为成虫或若虫 0.5～1 头/米^2，连续释放 2～3 次，间隔 7 天释放 1 次。轻度发生，释放密度为成虫或若虫 1～2 头/米^2，连续释放 2～3 次，间隔 7 天释放 1 次。

（3）释放方法。打开装有小花蝽的包装瓶，连同包装介质一起均匀撒在植株花和叶片上。

（4）释放时间。夏季和秋季节应在晴天上午 10 时之前、下午 4 时之后释放小花蝽，可避免棚室内温度过高、小花蝽难以适应。春季和冬季可选择在上午 10 时至下午 5 时释放小花蝽，可避免棚室内早晚露水对小花蝽活动的影响。

6. 丽蚜小蜂防治粉虱技术

丽蚜小蜂属昆虫纲、膜翅目、蚜小蜂科、恩蚜小蜂属，是世界广泛商业化的用于控制温室作物粉虱的寄生蜂，喜取食白粉虱二龄若虫和蛹期；对烟粉虱的若虫期和蛹期取食嗜好性相同。在其 12 天的预期寿命中平均可杀死 95 头若虫。丽蚜小蜂产卵偏好于两种粉虱的三、四龄和预蛹期，在这些虫态的寄生率最高。成虫每天可产 5 粒卵，死亡前可产 60 粒卵。

（1）释放时期。黄板上发现粉虱成虫后释放丽蚜小蜂，或看见粉虱若虫开始释放。

（2）释放方法。悬挂卵卡，单株害虫量达 0.5～1 头开始释放，按照 1.5～6 头/米² 的密度释放寄生蜂，隔 7～10 天释放 1 次，连续释放 3～4 次。小蜂与粉虱数量比达 1∶（30～50）时，可以停止放蜂。卵卡可悬挂于甜瓜中部或底部老叶粉虱若虫多的部位。

（3）注意事项。释放的适宜温度为 20～30℃。秋冬季温室内温度低、湿度大，不利于丽蚜小蜂产卵。

（五）生物农药的应用

1. 主要病害防治

（1）立枯病。苗期防治可用 80% 乙蒜素乳油 2 000～4 000 倍液。

（2）枯萎病。预防或发病初期可选用 4% 嘧啶核苷类抗菌素水剂 400 倍液、4% 春雷霉素可湿性粉剂 100～200 倍液、5 亿 CFU*/克多粘类芽孢杆菌 KN-03 悬浮剂 3～4 升/亩、10 亿 CFU/克解淀粉芽孢杆菌可湿性粉剂 15～20 克/亩（育苗期泼浇）或 80～100 克/亩（移栽或定植期灌根）、10 亿 CFU/克多粘类芽孢杆菌可湿性粉剂 500～1 000 克/亩、6 亿孢子/克哈茨木霉菌可湿性粉剂 330～500 倍液、80 亿个/毫升地衣芽孢杆菌水剂 500～700 倍液、1% 申嗪霉素悬浮剂 500～1 000 倍液，进行灌根，每 5～7 天用药 1 次，连续用药 2～3 次。

（3）根结线虫病。定植期防治可用 2 亿活孢子/克淡紫拟青霉 2～3 千克/亩拌土均匀撒施；生长期防治可用 2 亿活孢子/克淡紫拟青霉 2.5 千克/亩或 2 亿活孢子/克厚孢轮枝菌 2～2.5 千克/亩拌土开侧沟集中施于植株根部。

（4）白粉病。发病初期可选用 1 000 亿芽孢/克枯草芽孢杆菌可湿性粉剂 120～160 克/亩，2% 农抗 120 或 2% 武夷菌素水剂 200 倍液，或 8% 宁南霉素水剂 510 毫升/亩，施药时注重叶正面、背面均匀着药，每 7 天用药 1 次，连续用药 2～3 次。

（5）灰霉病。发病初期可选用 0.3% 丁子香酚可溶液剂 90～120 毫升/亩、1% 香芹酚水剂 58～88 毫升/亩、0.5% 小檗碱水剂 200～250 毫升/亩、0.5% 小檗碱盐酸盐水剂 200～250 毫升/亩、1 000 亿 CFU/克枯草芽孢杆菌可湿性

---

*　CFU：Colony-Forming Units，菌落形成单位，是平板计数法的常用单位，指单位体积中的细菌、真菌等微生物的群落总数。——编者注

粉剂 50～70 克/亩、16％多抗霉素可溶粒剂 20～25 克/亩、1.5％苦参·蛇床素水剂 40～50 毫升/亩、1％申嗪霉素悬浮剂 100～120 毫升/亩、21％过氧乙酸水剂 140～233 克/亩防治。

（6）霜霉病。采用 3％多抗霉素可湿性粉剂 150～200 倍液，或 0.3％苦参碱乳油 5.4～7.2 克/公顷、0.5％小檗碱水剂 12.5～18.75 克/公顷、2 亿孢子/克的木霉菌可湿性粉剂 125～250 克/亩及 0.5％几丁聚糖水剂 120～160 毫升/亩进行叶面喷雾。

（7）病毒病。病毒病发病初期喷施 6％寡糖·链蛋白可湿性粉剂 75～100 克/亩、5％氨基寡糖素水剂 86～107 毫升/亩、2％香菇多糖水剂 34～42 毫升/亩。每 7～10 天喷施 1 次，连续喷 2～3 次。

（8）细菌性果斑病。瓜类细菌性果斑病的防治药剂以抗生素类和铜制剂为主。发病初期叶面喷施 3％中生菌素可湿性粉剂 500 倍液；或 100 亿芽孢/克枯草芽孢杆菌可湿性粉剂 50～60 克/亩；2％氨基寡糖素水剂 187.5～250 毫升/亩，每 7 天喷施 1 次，连续喷 2～3 次。对预防和早期治疗均具有较好效果。

（9）细菌性角斑病。发病初期叶面喷施 4％春雷菌素可湿性粉剂 800～1 000 倍液、90％新植霉素可溶性粉剂 4 000 倍液、80％乙蒜素乳油 900 倍液、100 亿芽孢/克枯草芽孢杆菌可湿性粉剂 50～60 克/亩，每 7 天喷施 1 次，连续喷 2～3 次。

2. 主要虫害防治

（1）瓜蚜。5％鱼藤酮乳油 100 毫升/亩、2％苦参碱水剂 30～40 毫升/亩、23％银杏果提取物可溶液剂 100～120 克/亩、1％苦参·印楝素可溶液剂 60～80 毫升/亩，叶面喷雾防治，叶背叶正均匀喷透。

（2）二斑叶螨。0.1％藜芦根茎提取物可溶液剂；99％矿物油乳油 150～300 倍液喷雾；5％阿维菌素乳油 5 500～7 500 倍液喷雾；0.5％苦参碱水剂 220～660 倍液喷雾。

（3）蓟马。蓟马发生初期可选用 60 克/升乙基多杀菌素悬浮剂 40～50 毫升/亩、25 克/升多杀霉素悬浮剂 65～100 毫升/亩、150 亿孢子/克球孢白僵菌可湿性粉剂 160～200 克/亩，或 0.3％苦参碱可溶液剂 150～200 毫升/亩等生物药剂进行叶面喷雾防治，叶正叶背均匀用药。

（4）温室白粉虱。可施用蜡蚧轮枝菌或喷施 d-柠檬烯、鱼藤酮等生物农药。

（5）烟粉虱。叶面喷施 5％ d-柠檬烯可溶液剂 100～125 毫升/亩、200 万CFU/毫升耳霉菌悬浮剂 150～230 毫升/亩及 0.3％的印楝素乳油 1 000 倍液防治。

（6）美洲斑潜蝇。1.8%阿维菌素乳油 10～20 毫升/亩喷雾；25%乙基多杀菌素水分散粒剂 11～14 克/亩喷雾；30%阿维·矿物油乳油 50～70 克/亩喷雾；5%鱼藤酮可溶液剂 150～200 毫升/亩喷雾。

（7）瓜绢螟。在瓜绢螟卵孵化始盛期，三龄幼虫出现高峰期前（即幼虫尚未缀合叶片前），选用生物农药 16 000 国际单位/毫升苏云金杆菌（Bt）可湿性粉剂 800 倍液、1%印楝素乳油 750 倍液或 3%苦参碱水剂 800 倍液，喷雾防治。

（8）甜菜夜蛾。在卵孵高峰和低龄幼虫期，可使用 10 亿 PIB*/毫升苜蓿银纹夜蛾核型多角体病毒悬浮剂 100～150 毫升/亩，30 亿 PIB/毫升甜菜夜蛾核型多角体病毒悬浮剂 20～30 毫升/亩，32 000 国际单位/毫克苏云金杆菌可湿性粉剂 40～60 克/亩，60 克/升乙基多杀菌素悬浮剂 20～40 毫升/亩，甜核·苏云菌（16 000 国际单位/毫克，1 万 PIB/毫克）可湿性粉剂 75～100 克/亩，0.3%苦参碱水剂 135～148 毫升/亩，叶面喷雾防治。

（9）斜纹夜蛾。在卵孵高峰和低龄幼虫期，可使用 10 亿 PIB/毫升斜纹夜蛾核型多角体病毒悬浮剂 50～75 毫升/亩，1%苦皮藤素水乳剂 90～120 毫升/亩，32 000 国际单位/毫克苏云金杆菌可湿性粉剂 40～60 克/亩，60 克/升乙基多杀菌素悬浮剂 20～40 毫升/亩，叶面喷雾防治。

（10）棉铃虫。在卵孵高峰和低龄幼虫期，可使用 1%苦皮藤素水乳剂 90～120 毫升/亩，32 000 国际单位/毫克苏云金杆菌可湿性粉剂 40～60 克/亩，60 克/升乙基多杀菌素悬浮剂 20～40 毫升/亩，叶面喷雾防治。

（11）蛴螬。选用金龟子绿僵菌 CQMa421（2 亿孢子/克）颗粒剂 2～6 千克/亩，沟施或穴施防治；蛴螬乳状菌可感染 10 多种蛴螬，可用该菌液灌根，使幼虫感病死亡。

三、水肥管理

（一）甜瓜水肥需求特点及要求

甜瓜整个生长期需氮、钾多，需磷少。施肥上掌握生长前期以施氮磷钾平衡肥为主，坐瓜期以追施高钾肥为主。甜瓜的不同生育期对土壤水分的要求是不同的，在整个生育期内，果实膨大期为需水高峰期；幼苗期需水量小，到伸

---

* PIB：polyhedral inclusion body，病毒制剂的浓度单位。——编者注

蔓期和开花坐瓜期逐步增加；坐瓜后进入果实膨大期，需水量为最高峰值。生产中甜瓜一般浇1次底墒水、1次定植缓苗水、1～2次伸蔓水、2～3次膨瓜水。如果是在黏壤土中生产甜瓜，则可减少浇水次数和浇水量。

(二)肥料选择

甜瓜全生育期一般追肥2～3次，一般在坐果前追肥。

(1)底肥。甜瓜定植前，须施足底肥，底肥一般以有机肥为主，每亩施入有机肥5～6米³，如果地力差，还可施加氮磷钾复合肥30～40千克。

(2)伸蔓肥。甜瓜茎蔓生长迅速，为使植株早发晚衰，生长健壮，伸蔓期追施N-P-K（20-20-20）平衡肥，每亩追施5～10千克。

(3)膨瓜肥。坐瓜后，甜瓜对水肥需求量较大，此时需选择高钾配方肥。土壤保肥性好，施肥应少次多量；在保肥性能差的沙土地，追肥应勤施少施；轻施瓜前肥，重施瓜后肥。另外还可每隔7天左右喷1次0.3%磷酸二氢钾溶液，连续进行2～3次，有利于提高果实可溶性固形物含量。追肥后2～3天要加大通风，防止氨气灼伤茎叶，果实成熟前10～15天停用肥水。

(三)水肥一体化技术

水肥一体化是借助灌溉系统，根据甜瓜生长各阶段对养分的需求和土壤养分的供给状况，将肥料与灌溉水一起，适时、定量、精准地输送到甜瓜根部土壤的现代水肥施用技术，具有省工、节省水肥、优质高效等优点。

1. 适用范围

适用于已建设或有条件建设微灌设施，有固定水源且水质好、符合微灌要求的区域应用，一般要具备施肥设备和储水设施等。

2. 系统构成

水肥一体化系统由水源系统、首部枢纽系统、施肥系统、输配水管网系统、阀门系统和灌水器构成。

(1)水源系统。包括地下水、河道水等，水质符合《无公害农产品种植业产地环境条件》（NY/T 5010—2016）要求。

(2)首部枢纽系统。包括水泵、过滤器、施肥器、控制设备和监测仪表等。

(3)施肥系统。动力装置一般由水泵和动力机械组成，根据扬程、流量等田间实际情况选择适宜的水泵。肥料可定量投放在田头蓄水池，溶解后随水直接入田。

（4）输水管网。输水管网一般采用三级管网，即主管、支管和滴灌带。

（5）灌水器。采用内镶式滴灌带、薄壁滴灌带或微喷带，滴头间距为20～40厘米。

3. 肥料选择

优先选择灌溉施肥专用水溶性肥料，水溶性肥料需符合《水溶性肥料》（HG/T 4365—2012）的要求。包括水溶性复合肥、水溶性微量元素肥、含氨基酸类水溶性肥料、含腐殖酸类水溶性肥料等。

4. 系统使用维护

（1）管路冲洗。使用前应先用清水冲洗管路5～10分钟，施肥后再用清水继续灌溉10～25分钟。

（2）系统维护。定期保养施肥器，在灌溉过程中如供水中断，应尽快关闭施肥装置进水管阀，防止肥料溶液倒流。

（3）滴灌施肥操作。灌溉施肥的操作有一定的先后顺序。先启动施肥机，用清水湿润系统和土壤，再灌溉肥料溶液，最后还要用清水冲洗，以防灌溉系统堵塞，无法正常运转。

（四）智能灌溉技术

传统的灌溉管理需要依据技术人员的经验，通过天气状况、作物长势和土壤状况，决定是否需要浇水，以及每次浇水时长，对于技术人员要求较高，需要其具有一定的种植经验；同时，管理相对粗放，容易造成水肥资源浪费。智能灌溉技术利用现代化的手段，将传统的"看天看地看庄稼"，转化为利用物联网设备，实时监测田间环境因子、土壤含水量状况以及作物水分需求状况，智能决策灌溉，提高资源利用率，节省灌溉用工。根据决策因子不同，主要包括单因素智能灌溉技术和多因素智能灌溉技术。

1. 单因素智能灌溉技术

单因素智能灌溉技术是通过监测土壤含水量、光照或作物需水量等单因子水分需求信号，进行灌溉智能决策的技术。

水的介电常数远大于土壤中其他介质（矿物质、有机物颗粒、空气）的介电常数，土壤的介电常数往往取决于土壤中的水分含量，目前市场上有很多监测土壤含水量的设备，可以实时监测同一位置多个土层深度的土壤水分、温度，并将连续监测的本地数据实时传输到云端，用户可通过电脑端（PC端）和手机端访问平台，平台提供数据的存储、分析（不同土层实时含水量变化、土壤温度、根系分布等）、下载等功能。根系主要分布土壤层的含水量与作物生长发育密切相关，对土壤含水量进行精准调控，可较好满足作物的水分需求。不同作物的需水特性不同，同种作物不同生育时期的根系发育及需水特性也不同，需要根据作物根系需水特性，设置土壤含水量灌溉启动与关闭的上下限，系统根据土壤实时含水量，计算每次的灌溉量，进行智能灌溉决策。

作物需水量 ETc 由植株的蒸腾和株间的蒸发两部分组成，参考作物需水量 $ET0$ 是一个表征大气在特殊时间对特殊地点的特定作物的蒸发能力的物理量，其与作物特征和土壤质地无关。作物需水量 ETc 与参考作物需水量 $ET0$ 存在线性相关关系，联合国粮农组织推荐应用彭曼-蒙蒂斯公式（Penman-Monteith method）进行参考作物需水量 $ET0$ 的计算。由彭曼-蒙蒂斯公式可知，参考作物需水量 $ET0$ 与气象因素（温度、风速、辐射、水气压等）和地理环境（海拔、纬度等）有关，且其与光辐射成正相关关系。基于此，北京市农业技术推广站研发出一款依据光照进行精准灌溉决策的"光智能"精准灌溉系统，明确了田间应用参数，根据种植作物不同生育时期，设置灌溉系数，系统即可根据光照情况，智能决策灌溉。

无论是利用土壤含水量决策灌溉还是利用光照，都是通过外界因子间接判断作物的水分需求，还可以通过仪器设备直接反应作物需水情况，比如：通过监测作物重量变化判断水分消耗量；利用茎流仪监测作物的蒸腾速率，从而计算出灌溉量。

2. 多因素智能灌溉技术

多因素智能灌溉技术是综合考虑作物、土壤和气候多种因素，形成灌溉模型，制定更加全面科学的灌溉决策。目前多因素灌溉决策大部分还在小范围试验阶段，以科研攻关为主。

北京市农业技术推广站引进优化了基于光辐射、基质含水量和回液 EC 值的多因素智能灌溉策略，实时监测温室内光辐射值、基质水分值和回液 EC 值等与作物生长相关的环境因子，并利用自控系统，建立基于光辐射和基质含水量的智能灌溉决策，以回液 EC 值进行灌溉量校正，确保为作物提供适宜的水肥条件。

四、授粉及成熟期管理

（一）授粉期管理

4 月下旬，京郊春大棚甜瓜陆续进入授粉期。遇持续气温偏低、日照不足等不良天气时，为保证植株正常授粉坐瓜，总结春大棚小型甜瓜授粉期生产管理意见，供广大生产者和技术人员参考。

1. 田间管理

（1）温度控制。授粉前期应适当提高夜温，白天提早关闭风口，以保证花粉数量和活力。白天温度宜为 25～28℃，夜温宜为 16～18℃。

（2）水肥管理。进入开花授粉期，应适当控制水肥，防止窜秧化瓜。若土壤中水分含量低，可在授粉前 1 周，使用滴灌或微喷的方式进行浇水，每亩灌水 2～3 米^3。

（3）植株调整。开花坐瓜期应注意协调植株营养生长与生殖生长的关系，及时整枝打杈，如出现旺长，可采取扭伤茎尖等措施进行控制。吊蔓时，应使植株与地面保持一定角度，植株下部条蔓略微盘地，整个植株呈 L 形。坐瓜位置不宜过高，果实距离地面 100～150 厘米为宜，以防畸形果产生。

2. 授粉管理

（1）授粉节位。一般选择第 12 片叶以上节位留侧蔓雌花进行授粉，采取侧蔓结果方式，依次对 3 个雌花进行授粉，后期再根据长势和整齐度进行定瓜。

（2）授粉方式。包括人工授粉、喷花授粉以及蜜蜂授粉 3 种方式。①人工授粉。晴天上午 7—10 时、阴天上午 9—11 时，取当日正常开放的雄花，将花粉直接轻轻涂于雌花柱头上进行授粉。②喷花授粉。使用 0.1% 氯吡脲进行喷花授粉，授粉时注意用药浓度，防止浓度过大造成裂瓜。③蜜蜂授粉。待50% 的甜瓜植株第一雌花开放时将蜂箱放入棚室中央，蜂量为每亩 7～8 巢脾。超过 30℃时及时放风，以免造成蜜蜂死亡。

3. 挂牌定瓜

（1）挂牌。从授粉的当天开始算起，采用记号牌记录授粉日期，便于推测适宜的采摘期。

（2）定瓜。授粉 10～15 天，当甜瓜长至鸡蛋大小时即可定瓜、绑瓜，定瓜原则为选留大小一致的第 2～3 节位瓜，每株留 1 个瓜。

4. 注意事项

（1）人工授粉时，授粉时间不宜过晚。尽量选择晴天上午 7—10 时进行，授粉时间过早或过晚，均可造成授粉困难、坐瓜率低或者畸形果增加等问题。

（2）蜜蜂授粉时应严格遵照用药的隔离期，授粉期还需压紧防虫网，防止蜜蜂飞逃。

（3）采用人工授粉或蜜蜂授粉后 2～3 天需检查棚内坐瓜情况，若坐瓜率低，应采用喷花授粉的方式来促进坐瓜。

（二）坐瓜期管理

授粉结束后，春大棚甜瓜逐渐进入坐瓜期。为保证甜瓜生产持续高效，总结春大棚甜瓜坐瓜期管理意见，供广大生产者和技术人员参考。

1. 温度管理

一般膨瓜期外界气温较高，设施需进行昼夜通风，棚温保持在28～32℃。晴天中午棚内温度超过32℃时，应采取覆盖遮阳网的方式进行降温；若遇降温降雨天气，棚温低于26℃时，应将顶风口关闭。

2. 水肥管理

甜瓜果实膨大期是水肥需求量较大的时期，甜瓜在长至鹌鹑蛋大小时，生长重心已由茎叶转向果实，此时若缺水，幼果生长就会受到抑制，因此保证充足的水分供给是果实良好发育的重要条件。此时浇一次膨瓜水，浇水量为10～15米^3/亩，并随水冲施高钾配方肥5～10千克/亩；7～10天后可再浇一次小水，在果实接近成熟时，需水量大大减少，控制浇水可促进果实成熟，改善风味。浇水应选择晴天上午8—10时进行。

3. 植株调整

甜瓜坐瓜期植株叶片生长减缓，可采用不掐尖或者"掐小尖，留活头"的方式进行整枝。掐小尖即可调控植株营养和生殖生长，还可以保证一定的叶片数量，防止甜瓜坐瓜期缩短等情况。

4. 病害防治

膨瓜期主要易发病害有白粉病、蔓枯病、炭疽病和枯萎病等，应做到早发现、早防治。可使用丙森锌600倍液进行预防，每10天喷施1次。白粉病发病初期可用40％氟硅唑乳油4 000倍液或者10％苯醚甲环唑5 000倍液防治，还可使用45％百菌清烟熏剂250克/亩烟熏处理；蔓枯病和炭疽病发生后可用苯醚甲环唑1 000倍液、30％肟菌·戊唑醇3 000倍液以及戊唑醇3 000倍液进行防治；枯萎病可用10％混合氨基酸铜络合物水剂200倍液、70％敌磺钠可湿性粉剂1 000～1 500倍液灌根进行防治。注意采收前7天停止用药。

5. 适时采收

一般春大棚薄皮甜瓜授粉后30～35天、光皮甜瓜38～45天、哈密瓜类型45～50天、粗网纹甜瓜60天左右成熟，授粉时做好标记，根据授粉时间确定采收时间。常温下，甜瓜货架期10～15天，在13℃条件下，甜瓜货架期可达14～21天。电商及近郊销售在甜瓜九成熟时进行采收，长距离运输销售在甜

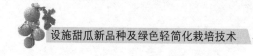

瓜八成熟时采收，采收宜在上午进行。

（三）瓜面网纹形成期管理

对于网纹甜瓜来说，漂亮的网纹是其重要的外观品质之一，如若在网纹形成期管理不善，往往会造成甜瓜网纹发生不均匀、隆起不良、不美观，果皮硬化，易形成僵果。

1. 网纹发育不良的常见原因

直射光对果皮局部强烈照射时，会造成网纹发育不良；同时，氮肥施用过多、植株长势差、低温、日照不足、空气相对湿度较低，均会影响网纹生成。

2. 管理措施

栽培上可通过增强植株长势、保留适当数量果实、套袋、增加田间垄沟湿度的措施，促进甜瓜网纹生成。

最有效的方式就是套袋、垄沟加水，以及果面喷雾。在甜瓜膨瓜期开始裂网前，给网纹甜瓜套上"纸帽"，纸帽上盖下开，既可以避免阳光直晒，还可以避免裂网期甜瓜被叶片剐蹭损伤；同时在垄沟内铺塑料布，并在塑料布上灌水增加田间湿度，调控小气候可以显著提高裂网的美观度；生产上还可以通过对网纹甜瓜进行喷雾的形式促进瓜面网纹形成，喷雾一般在早上 9 时之前或下午 4 时之后进行，喷雾应均匀。

也可以用专用吊挂钩吊瓜，可形成 T 形果柄，防止叶片蹭伤瓜面网纹，更加透气，使网纹均匀美观，最大程度提高果实商品性。

（四）防裂瓜管理

裂瓜是设施甜瓜生产中的一种常见现象，尤其是在哈密瓜类型甜瓜中。表现为果实底部或中部开裂，形成大而深的口子，裂口难以愈合，一般在网纹发生期容易产生大裂口，严重影响果实外观、品质和商品性。

1. 裂瓜原因

一般与果实膨大期遇低温阴雨天气有关。幼果裂瓜因品种而异，某些品种成熟期后期也容易裂瓜，应及时、适量浇水，避免土壤水分急剧变化。

2. 预防措施

（1）选用不易裂瓜或耐裂瓜品种。

（2）合理灌水，在膨瓜初期注意浇足水，并保持整个膨瓜期都有充足的水分以促进果实膨大。20～25 天后，果实进入硬化期，此时保持土壤有适当水分即可。成熟前 7～10 天则不再浇水，否则容易造成果实可溶性固形物含量降低，或者裂瓜。

（3）保护果实叶片齐全，防止幼果直接暴晒，以免果皮提前硬化，造成后期裂瓜。

（4）合理控制温度，连续阴雨天气时注意保温，白天适当调整风口，避免冷空气直吹幼果，造成果皮硬化，形成裂瓜。阴雨天气后不可立即浇水，防止水分和温度剧烈变动造成裂瓜。

（5）平衡施肥，合理整枝。氮磷钾及其他微量元素合理施用，避免偏施氮肥，在后期整枝过程中，合理调节营养生长与生殖生长的关系，在植株顶部预留一个小的生长点，即生产上说的"活头"，可有效防止裂瓜发生。

第四部分

轻简化栽培技术与设备

一、耕整地工艺与设备

（一）深翻旋耕机

多年连续生产的地块由于浇水、施肥、踩踏、设备碾压导致土壤深层板结现象发生较重，普通旋耕机仅可旋耕土表 15～20 厘米的土层，20 厘米以下土层仍处于板结状态，土壤通透性差，作物根系难以深扎，不利于根系呼吸。使用深翻旋耕机对设施内土壤进行深翻旋耕作业，该机使用 36.75 千瓦（50 马力*）以上的大棚王拖拉机作为配套动力，整机宽 1.2 米，作业深度最大可达 50 厘米，对深翻到表面的底层土块同时进行旋耕细碎处理，作业完成后基本能保证表土细碎，有效打破土壤犁底层，改善土质，增强土壤透气透水性。

（二）起垄覆膜机

甜瓜栽培多采用垄上覆膜种植，可采用起垄覆膜机作业，该机以大棚王拖拉机为配套动力，理论上功率 25.73 千瓦（约 35 马力）以上的拖拉机即可，针对不同土质条件，为达到良好的作业质量，推荐选用 36.75 千瓦（50 马力）以上的大棚王拖拉机作为动力。机身搭配旋耕部件、起垄部件、镇压部件、铺管部件、覆膜部件，一次下地完成旋耕、起垄、铺管、覆膜复合作业，作业效率高，节省复杂工序劳动投入。形成的种植垄的垄面宽约 60 厘米，垄高 15 厘米左右。地膜宜使用 1.2～1.5 米黑色（银黑）地膜，厚度 0.012 毫米以上较好，在作业过程不易撕拉断裂，膜下铺 1～2 条滴灌带，滴灌带出水口间隔 10～20 厘米为宜。

---

* 1 马力＝0.735 千瓦。——编者注

二、定植工艺与设备

甜瓜在栽培中多采用嫁接育苗移栽的方式种植，根据不同品种栽植农艺要求，可选用多种植栽方式的移栽机。

（一）双行幼苗移栽机

目前设施甜瓜宜采用双行移栽机进行幼苗机械化定植移栽，该机采用风冷四冲程汽油发动机提供动力，运行速度无级变速，作业时调至慢速挡，转运时使用快速挡。栽植器采用梅花桩式交叉栽植，定植行距 30～50 厘米可调，株距 30～60 厘米共 9 挡可调；栽植部件采用鸭嘴式，便于开膜开洞，"鸭嘴"行程不小于 25 厘米，开口时间满足幼苗全部从栽植器落下，防止回程将苗带出；栽植深度可根据地形条件手动调节，同时机身底部带有仿形装置，可针对作业过程中垄面起伏情况自动调节机身高度，保证栽植深度基本一致。投苗筒高度 18 厘米，开口直径 10 厘米；根据工人作业熟练程度，作业效率可控制在 1 500～3 000 株/小时，可有效保证机械栽植的成功率和栽植质量。

（二）单行幼苗移栽机

大果型甜瓜宜采用单行移栽机进行定植移栽，该机移栽株距范围为 35～90 厘米，栽植深度可调，机身带仿形装置，可根据垄面不同高度实时调控机身高度，保证栽苗深度基本一致；投苗筒高度约 25 厘米，苗筒直径 12 厘米左右，栽植部件采用鸭嘴式，作业时将运行速度调节到慢速挡，栽植效率控制在 1 200～2 000 株/小时，以保证较好的栽植效果。

注意事项：采用机械移栽（单行和双行）建议使用 50 孔穴苗盘育苗；嫁接后控制幼苗长势，管理过程注意控水，避免茎秆徒长，同时有利于更好盘根；幼苗生长后期注意控温，避免幼苗过大，一般在长出 3 片或 4 片真叶、1 片心叶时可进行机械化移栽作业；苗棵高（含土坨）不超过 20 厘米，叶片展幅不超过 10 厘米为宜。

设备管护：两种移栽机均使用汽油发动机，为保证设备使用寿命及作业状态良好，在作业空闲期，长时间不使用设备时，应将设备转运至机库棚后将汽油及时排空，并将启动设备运行至自然熄火。同时，应放下支撑架，防止设备因泄压导致"鸭嘴"扎到硬化地面造成栽植器的损坏。

三、施肥工艺与设备

甜瓜生长周期内需施用大量的有机肥、复合肥及豆饼肥等。有机肥可改良大棚内土壤的理化特性、改善土质、增加土壤通透性，对幼苗起到促发育保生长的作用；复合肥和豆饼肥等颗粒肥对于甜瓜生长期的氮磷钾等元素的补充提供持续肥力，有助于果品品质的提高。根据肥料的不同类型，可选择多种施肥机械。

（一）履带自走式撒肥机

该机通过汽油发动机提供动力，发动机功率 7.4 千瓦，行走和撒肥作业可单独控制。行走部件采用履带式底盘，可适应设施内不同的地形条件，并实现原地掉头，转弯半径小。肥箱载肥量约 650 千克，底部采用传送带式底盘，配合双向转动绞龙，能够实现有机肥的自动上肥、作业时均匀抛撒，控制绞龙不同的旋转方向及速度，抛撒宽度可在 1.2～2.5 米范围内调整。变速方式采用HST 无级变速，作业时根据地块肥力测算亩施肥量，调整设备的运行速度和肥箱传送带输肥速度，达到均匀撒施、合理施肥的目的。适用于发酵堆肥、商品有机肥、豆饼肥等肥料的设施内土表撒施。

注意事项：设备在作业时，人应远离绞龙部分，不可在绞龙旋转过程中将手伸到肥箱或绞龙前扒、铲肥料，防止意外发生。当设备长时间不用时，应将肥箱内外的肥料清理干净，并把发动机内的汽油排放干净后，再充分燃烧至自动熄火，以延长发动机的使用寿命。

（二）轮式有机肥撒施机

此类施肥设备采用三轮式底盘，柴油发动机提供动力，肥箱单独控制，载肥量 1.5～3 米³，具有单次载肥量大的特点。抛撒形式可选用双圆盘式或横（竖）绞龙式，对于商品有机肥、堆沤粪肥等具有较好的撒施效果。相较于履带自走式撒肥机，轮式撒肥机转运速度更快、载肥量大、购机成本低，但不适宜复杂地形条件，在不平整地块或旋耕完的地块上易出现翻倾、打滑的情况，因此应用此类机型应在地块作业之前，并在土壤质地紧实的前提下开展有机肥的撒施作业。

（三）开沟施肥机

针对甜瓜生长过程中施用量较少的颗粒状肥料，可选用开沟施肥机在种植垄位置进行开沟定量定位施肥。该机采用柴油发动机为动力，运行底盘采用履带式，运行与作业挡位分开控制。后置开沟施肥部件，开沟部分采用中置两侧旋转刀盘，作业深度可达 20 厘米，旋刀上方安装回土挡板，用于施肥后自动掩埋。肥箱载量约 200 升，底部出肥口安装可调挡板，通过调节出肥口挡板的大小自动调节施肥量；出肥口的微型绞龙可持续输送肥料，实现流畅下肥并自动回土掩埋，达到肥料的精准施用，节省肥料。

注意事项：设备在作业时应避免将手伸入肥箱中扒肥，防止绞龙将手指绞伤。旋刀在运转时严禁用脚、手或其他物品靠近耕刀，避免造成人身伤害。

（四）水肥一体化设备

甜瓜坐瓜期用微量元素追肥时一般无需再次开沟施用，可配合水肥一体化灌溉系统，使用水溶性肥料随水追肥，肥料宜选用溶解度高且不易产生残渣的优质配方肥，避免滴灌带出水孔堵塞，影响灌溉施肥效果。

注意事项：水肥一体化设备在条件允许的情况下应放置在温室内或耳房内，对于塑料大棚，应在棚室外单独安装施肥机泵房。在冬季休耕前设备停用时应将兑肥桶内的水排放干净，使水管内的水流尽，避免冬季低温冻裂水管、水肥箱。

四、育苗及栽培技术和设备

（一）种子消毒技术

甜瓜种子往往会携带很多病菌和病毒，因此除包衣的商品种外，其余种子在播种前均应进行消毒，这样播种后就能大大减小发病概率。

1. 物理法消毒

（1）紫外线消毒法。将甜瓜种子放置在紫外线下照射几分钟，能够杀死大部分病毒和细菌，一般紫外线波段 358～365 纳米的消毒效果比较好。但是这种方法的不足之处在于紫外线只能对种子表面消毒，无法消毒种子内部，容易消毒不彻底。

（2）高温消毒法。将甜瓜种子放置在 55～60℃ 的温水中浸泡 10～15 分钟，并按一个方向不断搅动，使种子受热均匀，处理过程中要随时添加热水并不断搅动，保持恒温 15～30 分钟。待水温降至室温时，停止搅动，开始常规浸种催芽。或将种子放入高温烘箱中加热 15～30 分钟，高温能够杀死种子表面的菌种，但要注意不能过度加热，以免影响种子发芽。

2. 化学法消毒

（1）漂白剂消毒法。将甜瓜种子放置在含有 0.1%～0.2%漂白剂的水中浸泡 10～20 分钟，能够有效杀死种子表面的细菌和病毒。但是过量的漂白剂会影响种子发芽，需要严格按照规定比例使用。

（2）药剂消毒法。用清水洗净种子，用 40%福尔马林 150 倍液，或 0.1%高锰酸钾，或 70%甲基硫菌灵 500 倍液，或 50%多菌灵消毒 20～30 分钟，再用 10%磷酸三钠浸种 30 分钟。

将甜瓜种子放置在含有百菌清的水中浸泡 10～20 分钟，该化学品能够彻底杀死病毒和细菌，但是必须注意使用比例和时间，过量使用可能会对种子造成伤害。

以上方法都可以有效地杀灭甜瓜种子表面的病毒和细菌，但是需要注意以下几点：

①使用前先对种子进行筛选，去除变色和形状不规则的种子；

②消毒时要注意使用的比例和时间，不能过量使用化学品或者过度加热，否则会影响种子发芽；

③消毒后要对种子进行清水冲洗，以去除残留的消毒剂，避免对下一次种植造成影响；

④不同的消毒方法适用于不同类型的种子，要根据具体情况进行选择。

总之，甜瓜种子消毒是种植甜瓜的重要环节之一，只有在严格按照标准操作并注意使用安全的条件下，才能确保种子无害无毒，并有利于甜瓜的良好生长。

（二）集约化育苗设施与设备

1. 移动式喷淋系统

在大面积甜瓜育苗条件下，为节约育苗期间喷液、喷水及喷药的劳力，并保证按时供给，喷液装置的使用必不可少。以前以进口喷淋装置为主，价格昂贵。目前国内自行研制的喷淋系统，主要有主机移动式、壁挂牵引式两种，能实现均匀喷大水、喷小水、喷雾的三重功能，喷液装置应具有过滤设备和消毒器，避免引起病虫传播。跟国外同类产品比较，国内喷淋系统成本是其1/10～1/5。但无论是怎样的方式，都必须保证进行速度及喷液面符合育苗的要求，以防出现漏喷、不透或过量喷液的问题而造成幼苗生长不整齐或发育不良，一次喷液量应能满足幼苗正常生长的要求。

2. 自动播种设备

针对粒径 1～10 厘米的种子，配备不同吸针，在基质混拌、装盘、压印、播种、覆土一系列作业可实现自动化控制，不论是圆形、异形的种子，或者丸粒化的种子都可以使用该设备，适用于甜瓜种子。自动生产线每小时可播种300~800盘，每小时人工播种40~60盘，自动生产线播种速度是人工播种速度的10倍左右。

3. 幼苗运输

（1）运输工具与包装。运输工具的选择主要根据运输距离及条件而定，一般以采用汽车从育苗场直接运至定植地点的运输方法为最佳。可根据不同的运输距离采用不同的包装材料，如纸箱、塑料箱、木条箱、木箱等，容器应有一定强度，能经受运输过程中的压力与颠簸。远距离运输时，每箱装苗不宜过满，装车时既要充分利用空间，又必须留有一定空隙，防止幼苗呼吸热的伤害。

（2）苗龄。远距离运输的幼苗苗龄不宜过大，一般提倡2叶1心以上苗龄运输。

（3）运前准备。运前应做好计划，买方应做好定植前的准备工作。要注意天气预报，趁天气好运输可少受损失。幼苗运输可以连盘装箱，也可将幼苗从育苗盘取出后直接整齐地排放在箱内。不论何种装箱方法都应注意保护好幼苗根系。为增强幼苗的保鲜程度，还可进行幼苗根系的药剂处理，如KH-841（高吸水性树脂）的应用有助于减轻幼苗萎蔫、增强缓苗力，另外幼苗运输前打一次"陪嫁药"，对防止定植后的病虫发生效果显著。

（4）运输中的温湿度控制。甜瓜幼苗运输的适温为10~21℃，在低温（4℃）或高温（35℃）下运输，会降低定植后的成活率。在运输中应保持一定的空气相对湿度（70%），防止风吹干燥是提高幼苗成活率的又一个重要条件，即使近距离运输，也不宜裸露运输，否则幼苗很易受害。

（三）LED补光灯

育苗期如果光照不足，幼苗容易徒长，造成植株高、茎秆细长、节间长、根系少、叶片数量减少、叶片薄、叶面积小、叶绿素降低、色泽浅、花芽分化推迟，抗性差，整个幼苗素质下降，种植后不易生存。因此，在光照不足的季节补充一定的人工光照，是保证育苗质量的必要手段。光质配比应针对植物育苗期的生长特性制定，能够起到防止植株徒长、促进营养生长、预防寡照病害的作用。

（四）基质化栽培技术

甜瓜是北京市的传统优势作物，单产和品质均处于全国领先水平，"顺义伊丽莎白甜瓜"曾经更是闻名全国。随着北京农业发展理念的转变和我国甜瓜产业的发展，甜瓜也面临着产业升级，即优质化、标准化、规模化和品牌化生产的契机，以实现北京农业提出的"优质领先、安全发展"的目标。

基质栽培是甜瓜产业发展升级的重要方向。近年来北京市农业技术推广站在甜瓜基质栽培方面做了较多的探索，主要集中于可循环基质开发利用、水肥一体化技术、环境控制、有机菌肥以及生物防控等方面；与传统土壤栽培相比，基质栽培具有以下优点：①可预防枯萎病及线虫等土传病害的危害，抗重茬，提高甜瓜生产的复种率；②采用水肥一体化技术，可节水50%以上，同时大大减少化肥、农药的使用，生产更加绿色安全；③该种植模式操作简便，标准化程度高，无需翻地、整畦，可利用一套施肥系统控制多个大棚的灌溉，降低了劳动强度，有利于规模化种植。因此设施甜瓜基质栽培具有广阔的应用前景。

2018—2019年，在北京顺沿特种蔬菜基地驻点实践期间，笔者亲自参与实践了两茬春大棚基质栽培甜瓜的农事管理操作，详细了解了基质栽培的组成和设施特点，记录了甜瓜从播种、育苗、嫁接、定植、整枝、打杈、吊蔓、授粉、采收等各环节的环境控制，以及水肥调控，病虫害防治情况，形成如下技术总结。

1. 设施与资材

（1）设施结构。普通钢架大棚，规格：55米×12米，骨架坚固耐用。

（2）栽培设备。包括栽培槽、栽培基质、园艺地布。栽培槽为黑色PVC材质，耐用性较好，宽35厘米，高20厘米，底部每隔25厘米有一个渗水孔。

（3）灌溉设备。施肥首部控制系统、比例施肥泵、施肥桶（200升/400升）、滴灌带以及甜瓜专用水溶肥（A/B）等几部分。每个栽培槽内平行铺上2条滴灌带，滴灌带直径为15毫米，出水口间距30厘米，出水效率为2升/小时。除水溶肥外，其他材料均为一次投资，可连续多年使用。

（4）水肥配方。采用甜瓜专用配方A、B肥（表4-1）。A肥：硝酸钾：四水硝酸钙＝7：4（W/W）；B肥：磷酸二氢铵：七水硫酸镁＝1：1（W/W）。两种肥料中加入微量元素，pH调至5.5~5.8。

表4-1 霍格兰（Hoagland）营养液——无土栽培经典通用配方

大量元素：		
肥料	浓度	200升/400升用量（按1%稀释计算）
四水硝酸钙	945毫克/升	18.9千克/37.8千克
硝酸钾	607毫克/升	12.14千克/24.28千克
磷酸二氢铵	115毫克/升	2.3千克/4.6千克
七水硫酸镁	493毫克/升	9.86千克/19.72千克

（续）

微量元素：		
肥料	浓度	200升/400升用量（按1%稀释计算）
乙二胺四乙酸二钠铁	20~40毫克/升	0.4~0.8千克/0.8~1.6千克
硼酸	2.86毫克/升	57.2克/114.2克
四水硫酸锰	2.13毫克/升	42.6克/85.2克
七水硫酸锌	0.22毫克/升	4.4克/8.8克
五水硫酸铜	0.08毫克/升	1.6克/3.2克
四水钼酸铵	0.02毫克/升	0.4克/0.8克

2. 品种选择

基质栽培甜瓜有着抗重茬、水肥控制精确、省工的特点，因此宜选择耐低温、早熟、抗病性强的甜瓜品种。北京地区春大棚厚皮甜瓜一般选择北京市农业技术推广站、北京市农林科学院等单位选育的一特白、一特金、伊丽莎白等品种，本篇栽培技术总结以一特白厚皮甜瓜为例。

3. 培育壮苗

春大棚甜瓜一般在2月中旬播种，自根苗苗龄约30天，嫁接苗苗龄35~40天。因为早春栽培，嫁接可以提高甜瓜的抗寒性，促进壮苗，因此建议采用嫁接育苗，砧木品种为京欣砧优，砧木于2月20日播种，甜瓜2月22日播种，2月25日嫁接，砧木采用50孔穴盘播种，甜瓜接穗采用108孔穴盘播种，嫁接采用插接方式。

（1）嫁接适宜时期。砧木品种出土后7~10天，子叶宽厚，1叶1心，下胚轴粗壮；甜瓜接穗出土2~3天，子叶刚平展，新叶尚未抽出时嫁接为宜。

（2）嫁接苗管理。刚嫁接好的幼苗要覆盖白色薄膜，白天保持温度25~28℃，全天遮阳避光，保持苗床内空气相对湿度100%，夜间要加温保持在20~22℃。嫁接后的3~6天，可陆续早晚见光，白天温度在22~28℃，夜间在18~20℃。嫁接7~10天后可按一般苗床进行管理，通风换气，及时除去砧木萌发的芽。

4. 栽培管理

每棚放置栽培槽8列，间距1.5米，栽培槽宽35厘米，高20厘米，因此，基质栽培在此环境下宜呈"之"字形单行种植。春季株距25厘米，双行吊蔓，单蔓整枝，栽培密度约为1 760株/亩；秋季株距35厘米，双行吊蔓，单蔓整枝，栽培密度1 300株/亩。

5. 水肥管理

基质栽培水肥管理与传统土壤栽培不同，基质具有渗透性好的特点，宜采用小水勤浇，每天进行适量浇水。

（1）EC 值和 pH 控制。

①EC 值。整个生育期 EC 值均控制为 1.5～2.5 毫西门子/厘米。苗期 EC 值控制为 1.5～1.8 毫西门子/厘米；伸蔓期 EC 值控制为 1.8～2.0 毫西门子/厘米；坐瓜期 EC 值控制为 2.0～2.5 毫西门子/厘米。

②pH。整个生育期 pH 均控制为 5.5～6.0。苗期 pH 控制为 5.5～5.8；伸蔓期 pH 控制为 5.8～6.0；坐瓜期 pH 控制为 5.8～6.0。

（2）不同生育期营养液灌溉策略。营养液的配方一般采取日本园式配方和斯泰耐配方。按照营养液配方研发甜瓜专用配方肥 A 和 B［A 肥：硝酸钾：四水硝酸钙＝7：4（W/W）；B 肥：磷酸二氢铵：七水硫酸镁＝1：1（W/W）］。两种肥料中加入微量元素后，pH 为 5.5～5.8；采收前一周，减少灌溉量，提高果实品质（表 4-2）。

表 4-2　基质栽培甜瓜全生育期灌溉策略（2018 年测定）

生育期	日期	天气	单株浇灌量（毫升）	次数/分钟	EC 值	合计浇水量（米³）
定植	3 月 28 日	晴天	250	2/7.5	1.0	0.675～1.35
		阴天	125	1/3.75		
缓苗期	4 月 1 日	晴天	500	2/15	1.5	4.05～8.1
		阴天	250	1/7.5		
伸蔓期	4 月 10 日	晴天	700	2/21	1.8	18.9～37.8
		阴天	350	1/11		
结果期	5 月 10 日	晴天	1 000	2/30	2.3～2.5	18～36
		阴天	500	1/15		

6. 成本与效益分析

试验棚为标准钢架大棚，长为 55 米，宽 12 米。栽培槽每米成本为 30 元，每个棚或者每亩共用 480 米，约 14 400 元。

园艺地布选用 4 米×100 米规格，约 1.2 元/米²，合计成本 800 元/亩。

基质可选用常规草炭蛭石珍珠岩混合基质，也可选用复混废弃物循环利用基质。草炭混合基质成本较高，每立方米成本约 400 元；而复混废弃物循环利用基质每立方米成本约 200 元，每亩约 30 米³，成本 6 000 元。

施肥设备每套 12 000～18 000 元。整个生育期共用水约 100 米³，配方肥约 100 千克，成本 1 200～1 500 元。

效益：以 2018 年顺沿特种蔬菜基地春大棚生产为例，基质栽培平均亩产为 3 476 千克，而普通栽培亩产为 3 294 千克，增产 182 千克，增产 5.5％；基质栽培中心可溶性固形物和边部可溶性固形物含量与普通栽培相似；基质栽培开花授粉期和成熟期比普通栽培早 2～3 天。

7. 存在的问题及建议

（1）存在问题。

①种植成本一次性投入偏高，由于栽培槽的规格限制，后期基质更换较为费工；

②水肥配比及施用还需进一步摸索，以防后期出现盐分积累以及个大不甜的问题。

（2）建议。

①进一步开展轻简化可循环基质的研究利用，达到降低生产成本、提高劳动生产率的目的；

②开展基质栽培可复制的水肥控制模式探索，进一步完善基质栽培技术体系，形成成熟的基质栽培技术。

（五）蜜蜂授粉

蜜蜂授粉不仅能有效提高作物产量和品质，而且也是最经济的增产措施，能节约大量人工授粉劳动力和费用。与人工授粉技术相比，甜瓜蜜蜂授粉技术具有省工、节约成本、坐瓜整齐、果形好、品质好、商品率高等特点。

1. 进棚时间

当作物有 25％以上的花开放后即可使用蜜蜂，应在预测的花期前及时订购蜜蜂。到货后尽早放于大棚中，静置 15 分钟后，打开蜂箱。

2. 蜂箱的放置

选取温室大棚内后墙中央，阳光照射到的干燥的位置放置蜂箱。同时可以在后墙 1.5～2 米高的地方安装一个支架，用于放置蜂箱。

将一空间比蜂箱略大的泡沫箱平放于板凳上，把蜂箱置于泡沫箱内，静置 15 分钟后打开蜂巢门。注意保持蜂箱四周和泡沫箱的距离在 5 厘米以上，利于蜂箱内的通风，防止二氧化碳的累积。

阳光强烈时，将泡沫箱盖用小木棍支于泡沫箱上方，给蜂箱遮阴。冬季温度最低的时候可以取下泡沫箱盖，使阳光直射，以利于提高蜂箱温度。

由于冬季夜间温度低、湿度大，建议在天黑时将蜂箱用纱网包裹系紧后

（目的是防止蜂箱内缝隙处的蜜蜂飞逃），放于温暖干燥处（如带回家中），翌日再放回棚内。

蜜蜂在 8～28℃时活跃，但最适宜活动的温度为 15～25℃。适宜空气相对湿度 50%～85%。湿度过大不利于散粉，蜜蜂食物会不足，湿度过小则不利于花粉萌发。

3. 打药

种植前和种植过程中，不要底施、喷施、熏蒸高毒、高内吸、高残留的药剂，如：辛硫磷、甲拌磷、特丁硫磷、吡虫啉、高效氯氰菊酯、毒死蜱、噻唑膦、丁硫克百威、氰戊菊酯、甲胺磷、氧乐果等等。如果使用过以上类型的农药，不宜再使用蜜蜂。

回收蜜蜂时，至少需 1 个小时，待蜜蜂全部回巢后再关闭蜂门，用纱网包裹系紧后搬出大棚，进行喷药。

使用药熏蒸大棚时，杀菌剂至少隔离 3 天以上再使用，将毒气排干净，同时注意不要使用杀虫剂熏棚。

4. 防止飞逃

在放风口处压紧防虫网，防止蜜蜂飞逃；因打药需要把蜂箱搬出时，用纱网将蜂箱包裹系紧后，再搬出。

甜瓜等雌雄异花的作物应用蜜蜂授粉技术时，可以阻断糖水供应，鼓励蜜蜂外出采粉采蜜。方法是将塑料蜂盒小心取出，用矿泉水瓶盖盖住糖水芯，再把蜂盒放回原位即可。

5. 其他注意事项

（1）蜜蜂刚进入大棚时，会有 3 天左右的适应期，如果花量太多，建议先人工授粉，蜜蜂适应棚室环境后即可访花。蜜蜂访甜瓜花后，花柱上会留有红褐色小点（吻痕）。每两天抽查 10 朵闭合或半闭合的花，百分之百有吻痕的即为正常授粉；否则，需要增加新的蜂箱或及时人工授粉，避免损失。

（2）如果出蜂口被蜜蜂堵住，可以用小木棍捅开。蜂箱使用寿命为 4～12 周（根据棚室条件及蜂箱类型决定）。

（3）遇到畸形花、花芽分化不好、湿度大散粉不佳、持续连阴天等情况，蜜蜂会减少采粉。

（4）出蜂量过大，授粉花 1/2 以上变黑，建议隔天关闭出蜂口，防止蜜蜂访花过度，造成不必要的损失。

（5）整个蜜蜂授粉过程中都需要压紧防虫网，防止蜜蜂的飞逃。

五、环境调控设施设备

（一）自动卷帘机

甜瓜冬、春日光温室生产过程中，为保持温室内合理的温度，需在每天早上太阳升起时把保温帘卷至日光温室顶部，傍晚温度下降时再将保温帘放下铺好，以提升棚内白天温度，保持日光温室夜间温度。

卷轴式卷帘机主要由地面铰接支座、人字悬臂、电机、减速器、联轴器及卷帘长轴组成。该设备通过一根长轴直接将保温帘从一头卷起并能放下铺好，长轴由可正反旋转、带自锁功能的电机减速驱动。卷帘、放帘时间均少于5分钟，比原来人工作业时的20~25分钟提高效率300%以上。卷轴式卷帘机分为侧摆卷轴式卷帘机和悬臂卷轴式卷帘机，其中侧摆卷轴式卷帘机适用于温室长度小于40米的日光温室。

自动卷帘机可根据日照、棚内温度情况设定卷放棉被时间，定时启动电机。待卷帘、放帘到位后，通过触碰三级行程开关防过卷装置自动关闭电机，同时加入遥控信号，可及时处理卷帘、放帘过程中出现的问题。自动化卷帘机的应用可以及时卷、放日光温室保温帘，利于日光温室吸热和保温，工人可同时监管2~4栋日光温室。融合了农机化和信息化的自动化卷帘机技术，使日光温室甜瓜生产更加智能高效。

（二）顶放风塑料大棚

甜瓜虽是喜温作物，但夏季过高的温度同样会对植株造成损伤。普通塑料大棚的通风方式一般是底脚放风或者腰部放风，这样通风会使热空气集中在棚的顶部而导致热循环变慢。因此，各地技术人员研发了"天窗放风"等一系列顶部放风的塑料大棚改造技术，这对高温天气下大棚的通风散热发挥了有效作用。

（三）智能放风（卷膜）机

使用智能放风（卷膜）机对甜瓜种植设施进行生产管理，可提高设施环境管理的准确性，降低劳动人员作业强度。该机可针对不同设施类型选用不同开窗形式，日光温室一般为放风，塑料大棚一般为卷膜。整机主要包括主机、温度传感器、电机、卷管等。主机为控制系统，可通过设置温度阈值，实现卷膜器在温度范围内自动启闭；主机内置了4G信号传输系统，可实现手机远程遥控操作，随时随地对设施进行管理，同一园区安装多套智能放风（卷膜）机时，可通过手机应用程序实现一键操作，同时启闭风口；在信号不佳时也可使用手动模式进行启闭；多种模式协调配合，为作物提供了良好的生长环境。温度传感器可采集设施内的环境温度，并上传至主机，通过运算，实现对卷膜电机的主动控制。电机及卷管为卷膜器，采用 0.1 千瓦电机，内置限位开关，通过调节物理限位开关，防止出现过卷现象造成设施损坏及危险的发生。

（四）温室除湿系统

在日光温室生产中，甜瓜需要的温度和湿度往往比较高，但如果湿度过大，不仅影响植物的生长，还会导致病虫害发生。因此，在温室中保持适宜的湿度对于甜瓜的生长至关重要。

智能温室中除湿是通过加热器和换气扇进行的。首先，加热器可以将空气加热，从而提高空气相对湿度。而当空气相对湿度较高时，温室的换气扇会自动启动，将温室中的潮湿空气排出去，进而降低空气中的相对湿度。

除了加热器和换气扇，智能温室还有以下除湿方法。

①利用蒸发器除湿。利用蒸发器除湿是一种简单易行的方法。蒸发器可以让温室中的水分快速蒸发，从而降低空气相对湿度。在智能温室中，一般会将蒸发器放置在温室的适当位置，并定时进行蒸发，以达到降低湿度的目的。

②利用空气净化器除湿。一种较为高级的除湿方法。空气净化器中的加湿器可以加热温室中的空气，从而提高空气相对湿度。而当空气相对湿度较高时，空气净化器中的除湿器会自动启动，将湿气排出温室。这种方法可以较为精确地控制温室中的湿度。

③利用除湿机除湿。除湿机是将空气中的水分转化为液态的装置。在智能温室中，除湿机可以将温室中的潮湿空气吸入，通过除湿器将水分转化为液态并收集，进而达到除湿的目的。这种方法可以较快地降低温室中的湿度，但需要耗费一定的电力。

④利用风扇除湿。利用风扇除湿是一种简单常见的方法。通过加快温室中的空气循环，潮湿的空气也随之被排出温室，进而降低温室中的湿度。这种方法简单易行，但需要进行定时操作。

（五）电动外遮阳系统

连栋温室大棚外遮阳系统是安装在连栋温室大棚顶端的一种用于遮阳的系

统，其主要目的是在夏季遮挡多余的太阳光线进入室内，同时具有降温的作用。大棚遮阳网的选择有铝箔黑白网和圆丝外网，两者的遮阳率不同。外遮阳系统的组成有外遮阳支架、控制箱、固定托幕线和传动机构等。

1. 外遮阳支架

温室顶部安装外遮阳骨架，选用格构架和热镀锌方管加工制作。联栋间用镀锌方管和连接件组合成网架结构。支架部分强度可靠，外形美观，载荷承受能力强，使用寿命长。

2. 控制箱

控制箱内装配有遮阳幕展开与合拢两套接触器件，既可手动开、停，又可通过行程开关，实现自动启停。控制箱可装备温控、时控、光控设备，与自动控制系统相连，实现计算机智能控制。

3. 固定托幕线

双层幕线选国标聚酯外用幕线，颜色为黑色，直径 2.5 毫米，断裂伸长率 8%，使用寿命一般可在 8 年以上。

4. 传动机构

电机通过传动机构驱动传动轴运转，传动轴通过连接件带动驱动杆在幕线上平行移动，驱动杆拉动幕布一端缓慢展开，全部展开后触动行程限位器开关，电机停止，该行程运行结束。控制箱备有手动控制器件，如需要中途停止，可以按下停止按钮，即可停止运行；也可实现计算机自动控制。

六、肥水灌溉设施设备

（一）节水灌溉设施

节水灌溉是根据作物的需水规律、当地农业气象条件及供水条件，用尽可能少的水投入，获得最佳的经济效益、社会效益和生态效益而采取的多种措施的总称。节水灌溉主要有喷灌、微灌、管道输水、渠道防渗等方式，不同设施的组成部分也不相同。

1. 喷灌

喷灌是借助水泵和管道系统或者利用自然水源的落差，把具有一定压力的水喷到空中，然后散成小水滴或者形成弥雾降落到植物和地面上的灌溉方式。该灌溉系统由水源工程、首部系统（加压设备、计量设备、控制设备、安全保护设备、施肥设备等）、输配水管道系统和喷头等 4 部分组成。具有节水、节肥、省工、不破坏土壤结构、对地形和土质适应性强、增产提质等优点，但风大时易喷射不均，且投资较高。

2. 微灌

微灌是按照作物的需水要求，通过管道系统与安装在末级管道上的灌水器，将作物所需的水以小流量均匀地直接输送到作物根部附近土壤的一种灌水技术。微灌通常包括滴灌、微喷灌、涌泉灌（小管出流）和渗灌等。

（1）滴灌。是将具有一定压力的水，利用滴灌管道系统输送到毛管，然后通过安装在毛管上的滴头、孔口或滴灌带等灌水器，把水和作物需要的养分以水滴的方式均匀缓慢地滴入作物根部土壤，以满足作物生长需要的一种灌水技术。滴灌系统由水源工程、首部枢纽工程（包括水泵及配套动力机、过滤系统以及施肥系统）、输配水管道系统和滴头等4部分组成。具有节水、节肥、省工、节能、不破坏土壤结构、对地形适应性强、增产提质等优点，但滴头易发生堵塞、积累盐分。

（2）微喷灌。是通过低压管道将有压水流输送到田间，再通过直接安装在毛管上或与毛管连接的微喷头或微喷带将灌溉水喷洒在土壤表面的一种灌溉方法。该灌溉系统由水源工程、首部枢纽工程（包括水泵、动力机、过滤器、肥液注入装置、测量控制仪表等）、输配水管道系统和微喷头（微喷带）等4部分组成。它比喷灌更省水，比滴灌抗堵塞，供水较快，使作物根部的土壤经常保持在最佳水、肥、气状态。具有节水、节肥、节能、省工、改善田间小气候、增产等优点，但对水质要求较高，有易受杂草作物茎秆阻挡而影响喷洒质量、受风力影响大等缺点。

（3）涌泉灌。又称小管出流，是通过安装在毛管上的涌水器形成的小股水流，以涌泉方式湿润作物附近土壤的一种灌溉形式。涌泉灌溉的流量比滴灌和微喷灌大，一般都超过土壤的入渗速度。该系统主要由水源工程、首部枢纽工程（包括水泵及配套动力机、过滤系统以及施肥系统）、输配水管网（输水管道和田间管道）、紊流器及毛管等组成。相较于滴灌系统，具有出流孔口较大、不易被堵塞、操作简单等优点。

（4）渗灌。是在低压条件下，通过埋于作物根系活动层的灌水器（微孔渗灌管），根据土壤层毛细管作用湿润根区土壤层，以供作物生长发育需要的一种灌溉形式。该系统主要由水源工程、首部枢纽工程（包括水泵及配套动力机、过滤系统以及施肥系统）、输配水管网（输水管道和田间管道）、渗灌管4部分组成。它具有节水、节肥、省工、提质增产、管理方便的优点。一般适用于上层土壤有良好毛细管特性，而下层土壤透水性比较弱的地区，不适用于土壤盐碱化的地区。

3. 低压管道输水（简称管道输水）

利用低耗能机泵或地形落差所提供的自然压力水头将灌溉水加低压，然后再通过低压管道网输配水到农田进行灌溉，以满足作物需水要求的一种灌溉形式。该系统一般由水源工程、首部枢纽工程、输配水管网、给配水装置（出水口、给水栓）、附件（安全阀、排气阀）和田间灌水设施等组成。相较于灌溉渠道系统，具有节水、节地、输水快、便于管理、增产等优点。

4. 渠道防渗

渠道防渗通常是指减少渠道输水渗漏损失的各种工程技术措施。它具有节水、防止土壤次生盐碱化、防止渠道冲淤和坍塌，加快流速、提高输水的能力，还有省地、减少工程费用和维修管理费用等优点。渠道防渗措施包括管理措施和工程措施两大方面。工程措施按其防渗特点可分为两大类：一是改变渠床土壤透水性能的措施，主要有压实、淤填、化学处理法等；二是在渠床表面修筑防渗护面，如黏土、灰土、三合土、砌石、混凝土、沥青混凝土，以及用塑料薄膜防护等。

（二）轻简式施肥设备

施肥设备是指将肥料溶解液注入灌溉主管路的设备，利用水肥一体化的方式将水肥混合液输送到作物根系附近，可提高施肥均匀度和肥料利用率，实现甜瓜产量和品质的提升。

根据动力来源，施肥设备可以分为水动力和外源动力两种类型。水动力施肥设备是指利用灌溉水流将肥料溶液带入主管路的设备，不需要外源动力，价格较低廉，操作简便，但是会对水流产生一定的压力损失，影响灌溉施肥均匀度，主要包括文丘里施肥器、压差式施肥罐和比例施肥器；外源动力施肥设备是指利用水泵、计量泵、隔膜泵等外源动力将肥料注入灌溉管路的设备，不受田间流量和压力影响，不会造成压力损失，但是需要外接电源。

种植户需根据种植规模、栽培方式和机井条件选用合适的施肥设备，中小规模种植户可选用轻简式施肥设备，节约投入成本，提高设备使用效率，常用的轻简式施肥设备主要包括文丘里施肥器、压差式施肥罐、比例施肥器和便携式注肥泵。

1. 文丘里施肥器

文丘里施肥器是利用文丘里效应来吸取肥液的设备，即高速流动的水流附近会产生低压，从而产生吸附作用，将肥料混合液吸入灌溉管路。其优点是价格较为低廉，操作方便，不需要外源动力等，缺点是如水流压力或流量过小，施肥器就不能正常吸肥，要求进水压力至少达到 0.15 兆帕，而且施肥器还会对压力产生较大损失，通常需要损耗入口压力的 30% 以上，从而影响灌溉施肥均匀度。使用前需将文丘里施肥器并联接入灌溉管路首部位置，使用时需将灌溉主管路阀门调小，使水流经过文丘里施肥器，在施肥器前后产生压差，将施肥器的吸肥软管放入施肥桶内，吸入充分溶解的肥料溶液。部分文丘里施肥器产品还具有调节吸肥流量的功能，提高了施肥的精准度。

2. 压差式施肥罐

压差式施肥罐是利用进水口和出水口的压力差，将肥料溶液压入灌溉主管路的设备，主要包括施肥罐、进水管、供肥管、调压阀等。将压差式施肥罐并联安装在灌溉主管路上，进水管和供肥管分别安装调节阀。施肥时将肥料放入罐内，为了避免肥料溶解不充分，最好先将肥料充分溶解后，再将溶液倒入罐内，打开进水管和供肥管的阀门，水流将肥料溶解后，压入主管路。压差式施肥罐结构简单，操作方便，成本低廉，不需要外源动力，但是施肥均匀度较差，施肥浓度不可控，只能实现定量施肥。

3. 比例施肥器

比例施肥器是通过水流驱动活塞往复运动，按照一定的比例将肥液吸入主管路的施肥设备，是一种可以根据经过的水流量自动调节吸肥量，实现精准调节施肥的轻简施肥装置。比例施肥器多数并联安装在灌溉主管路上，使用时先将 U 形调节锁取下，根据生产需求旋转调节器，调整到适宜的吸肥比例，不同规格的比例施肥器可调节区间不一样，最小比例可到 0.2%，最大比例可到 10%，最后再用力将 U 形调节锁插入比例泵中的槽口锁紧。比例施肥器安装操作简单，只需要水流即可自动吸肥，施肥比例精准可调节，但是价格相对较高，适用于无土栽培等对于肥料浓度要求较为精准的种植模式。

4. 便携式注肥泵

注肥泵将原动机的机械能或其他外部能量传送给肥液，使肥液能量增加，实现输送至灌溉主管路的目的。根据工作原理不同，分为叶轮泵、容积泵、柱塞泵、喷射泵等。安装时需在灌溉主管路上设置注肥口，注肥泵一端连接注肥口，另一端连接口放置于施肥桶内，使用时只需要打开注肥泵电源即可开始注肥。注肥泵不受田间流量和压力影响，不会造成压力损失，操作较为简单，但是需要外接电源，可以选购具有充电功能的便携注肥装置，充电后直接去田间注肥。

（三）水肥一体机

规模化甜瓜生产园区可采用水肥一体机进行水肥控制。水肥一体机是指利用物联网技术，集采集、控制和施肥等多功能于一体的智能施肥装置，可实现灌溉施肥的自动化、精准化和智能化管理。水肥一体机可以实现养分浓度精准控制，施肥机一般采用 EC 值、pH 反馈调节，实现对营养液浓度和酸碱度的精确控制；通过配套物联网平台和手机应用程序，施肥机可以实现远程操作，灌溉施肥更加简便。但是缺点是结构较为复杂，价格相对较高，对操作人员有一定的技术要求，一般适用于规模化生产园区。

1. 水肥一体机组成

水肥一体机主要包括采集系统、控制系统、溶肥系统、吸肥系统、动力系统等。采集系统主要是利用各类探头采集光照、空气温度、空气相对湿度、土壤温度、土壤含湿量等环境因子，为控制系统提供决策数据依据，也可以采集灌溉施肥液的 EC 值和 pH，以及灌溉施肥时间等参数，掌控灌溉施肥情况。控制系统根据使用者输入的各项指令，结合采集系统反馈的数据参数，下达灌溉施肥的操作指令，控制电磁阀和水泵等开闭，实现自动化灌溉施肥。溶肥系统是将固体肥料自动溶解为肥料溶液的装置，可以通过搅拌泵驱动搅拌叶轮旋转，实现肥料溶解，也可以通过在施肥桶内加装鼓气装置，利用吹气的形式促进肥料溶解。吸肥系统包括利用文丘里管产生压差进行吸肥的装置，还有利用注肥泵吸取肥液注入主管路的装置。动力系统主要是利用泵增压将水肥混合液输送到田间的系统。

2. 水肥一体机分类

按照肥料通道数量分类，可以将水肥一体机分为单通道、双通道和多通道。为了保证施用肥料种类的多样性和灵活性，同时也兼具向田间输入其他药剂（如土壤消毒药剂）的功能，水肥一体机可以配备多个施肥通道和相应数量的肥料桶。这样就可以避免不同的肥料和药剂之间发生反应从而降低肥效或者药效。按照安装方式分类，可以将水肥一体机分为主路式和旁路式两种，主路式串联安装在主管道上，旁路式并联安装在主管道上。小型施肥系统通常采用主路式，大型施肥系统则通常采用旁路式。

3. 水肥一体机使用维护

水肥一体机安装后应对使用人员进行实操培训，使其掌握常用的操作流程、常见问题维修和反馈，如园区技术人员更换，应做好交接工作。水肥一体机使用过程中，还应注重维护管理，特别要注意夏季高温闷棚易造成施肥机管路损坏；控制屏幕尤其要避免日光直射，可在屏幕上方悬挂遮阳网等遮光物；pH 探头的玻璃电极应浸泡在水中，避免干燥；如果冬季不使用水肥一体机，应将管道内的水排放干净，并将 EC 值探头和 pH 探头从接头处卸下，回收至室内不会结冰处，用纯净水浸泡在容器内，待翌年再安装使用。维修水肥一体机时，必须关闭进出口的阀门，并通过活接等逐步泄去水肥一体机内的水压后再进行检修。一般应由专业维修人员进行检修。

七、病虫害防控工艺与设备

（一）植保工艺与装备

甜瓜生长期内需要进行植保杀虫、杀菌或喷施叶面肥，可采用不同形式的植保器械进行中期管理。

1. 背负式打药机

目前较传统的植保打药多采用背负式打药机，优点是比较灵活，可由单人背负在设施内开展植保作业，缺点是载药量较小，针对较大规模的生产区域需要反复多次装水装药。

2. 动力喷雾机

用动力喷雾机开展植保作业，相较背负式打药机，载药量可达到 100 升以上，作业过程可将机身放置在设施外部，或设施内的运输通道，由作业人员手持喷杆在行间作业；动力多采用汽油或柴油发动机，卷管长度可根据作业实际情况定制，一般在 30 米以上；机身提供压力大，喷头雾化效果好，作业效率高。

3. 高压管道式烟雾系统

主要由主机、水箱、高压管道、高压喷头组成。主机作为主控系统可根据施药（肥）需求设置作业内容，一般一台主机可控制 5～10 栋标准棚作业；水箱用于兑药（肥），前端连接主机并接入过滤系统，防止水中泥沙堵塞喷头；高压管道为固定安装在设施吊挂系统上的输送管道，其上安装高压喷头，一般每标准棚安装两条即可；喷头采用雾化程度较好的高压雾化喷头，微粒直径 10～30 微米，可实现雾滴在设施内的雾化弥散状态，保证药剂能够吸附到叶片正反两面；选用药剂（叶面肥）应采用溶解度高、不产生残渣的水溶性药（肥），防止喷头堵塞。该项技术相较人工入棚作业的背负式打药机和动力喷雾机，具有自动作业、定时控制、作业效果好的优点，同时避免了工作人员在作业过程中发生中毒等风险，但造价较高、一次性投入成本较大，对于水质较差的区域应经常更换过滤配件和喷头。

（二）高效施药技术

设施蔬菜生产环境温暖、潮湿，病虫极易暴发，危害损失相对严重，因而施药次数最多，每亩农药施用量为大田作物的十几倍，甚至数十倍，是控制蔬菜产品农残超标的关键点。因此，运用高效施药装备与技术是现代设施农业节药、节水、高工效生产和控制面源污染、保障蔬菜质量安全的迫切需要。我国高效植保机械与施药技术发展起步较晚，但在过去 10 年中发展迅速，防控水平发生了巨大的变化。目前应用比较普遍的施药技术包括以下 4 种。

1. 静电喷雾技术

应用高压静电在喷头与喷雾目标之间建立一个静电场，而农药液体在流经喷头雾化时携带了电荷，形成群体电荷雾滴，然后在静电场力的作用下，雾滴作定向运动而被吸附在目标的各个部位，达到沉积效率高、雾滴漂移损失少、保护生态环境等良好效果。静电喷头可用于喷杆式喷雾机和背负式喷雾（粉）机上，可以使喷雾损失较常规喷雾技术减少 65％以上。

2. 常温烟雾机施药技术

常温烟雾机是从日本引进，并在国内开始推广应用于设施农业病虫害防治的新型机具。这类机具喷洒的平均雾滴直径约 20 微米，喷雾流量在 50～70 毫升/分钟。该机具喷出的雾滴较细且低容量喷雾，不仅能有效提高作业质量，而且用水量少，设施棚室内的湿度增加不显著，可避免诱发二次病虫害，在密闭设施内的病虫害防治效果较显著。施药作业时，施药操作人员也无需进入设施内，因而对操作人员的人身安全更有保障。此外，由于常温烟雾机喷射部件的孔径小，雾化机理为气液两相流雾化，因此对农药剂型及机具雾化系统的过滤条件要求高。当喷射部件管路系统过滤未达标时，易导致喷射口堵塞；喷施生物农药时，由于喷射孔径小，易对生物农药的活性造成损伤，随着纳米助剂型药剂的研发与应用，未来使用常温烟雾机喷施生物农药时，将大幅提升其药效。

3. 弥粉法施药技术

基于高湿病害防控和农业轻简化作业的需求，中国农业科学院蔬菜花卉研究所开展了弥粉法施药防控设施蔬菜病虫害技术研究。采用新型弥粉法施药，由于药剂分布均匀，不增加棚室湿度，农药有效利用率高达 70％，远远高于常规喷雾法 30％的农药利用率，降低了农药使用量，且使用生物农药安全、环保，减轻了化学农药对环境和蔬菜的污染程度。新一代电动喷粉机简化了施药作业，每亩地施药时间缩短至 3～5 分钟，可使生物农药粉尘剂对灰霉病、白粉病等高湿病害的田间防治效果达到 80％以上，十分适合甜瓜秋冬季节绿色、有机生产中病害防治的施药需求。

4. 移动式喷雾机施药技术

温室移动式喷雾机包括运行轨道和主机两大部分。运行轨道包含工作轨道和转移轨道；主机含主机架、电控、胶管和喷头等部件，其中喷头是核心部件，采用三位快换喷头、耐腐蚀、可快速转换、喷量精确、喷雾形状规则、使用寿命长，可用于灌溉和植保作业。该类施药设备适用于现代化高效设施应用，成本较高。

（三）硫黄熏蒸器

主要用于瓜类、草莓、辣椒等作物白粉病的预防。在棚室中悬挂硫黄熏蒸器，定时对棚室进行熏蒸消毒，预防用药每次 2～3 小时，每周用药两次；治疗用药每次 8 小时，连续用药 1 周。

（四）全程绿色防控技术

1. 植物检疫

甜瓜检疫对象为瓜类果斑病。瓜类果斑病为细菌性病害，病原为燕麦嗜酸菌西瓜亚种。该病菌的初侵染源和远距离传播源主要是带菌种子。因此，应加强种苗检疫，严禁带病种苗的调入和调出。严禁在疫区进行繁种和从疫区调运种苗，若不得已引种时，要求供种方提供植物检疫证书；凡是瓜类果斑病发生区域的种苗应集中销毁。

2. 农业防治

（1）选用抗性品种，合理布局品种。种植者可根据甜瓜种植地的地理条件和气候选择适宜的抗病品种。可选用高产优质、抗病虫、适应性广、商品性好、坐瓜能力强的品种。

（2）合理轮作。甜瓜连作易导致枯萎病发生，连种应小于 3 年，合理轮作。华北一年两熟耕作区，甜瓜的前茬以玉米、谷子等高秆作物为最好，蔬菜、瓜类、油料作物如花生、大豆等因病虫害与地下害虫多不宜做前茬。

（3）嫁接。嫁接可以缩短甜瓜的轮作年限，有效防止枯萎病的发生。目前甜瓜普遍采用葫芦砧和南瓜砧，在 15～18℃ 的低温下仍能正常生长，这对克服早春甜瓜因温度过低生长缓慢的现象非常有利。葫芦作砧木的优点是具有良好而稳定的亲和性、长势稳定、对瓜的品质无不良影响，但抗寒、抗病能力要比南瓜砧木差，尤其是对炭疽病基本无抗性，且连续多年种植会增加枯萎病的发生率，植株容易早衰；南瓜砧木的优点是根系发达，吸肥能力更强，抗炭疽病和枯萎病，耐寒性和耐热性都很强，长势旺盛，产量高，缺点是不抗白粉病，而且容易导致果实品质下降。

（4）科学管理。加强田间管理，定植前精耕细作，提高土壤通透性和排水性，提高植株抗逆性；合理施肥，控制氮肥用量，增施磷、钾肥；合理密植，保持通风透光。

（5）田园清洁。早春铲除田间、地边杂草，随时摘除病叶、病瓜和植株残体，带棚室外集中深埋或沤肥，以减少病源和虫源，防止病虫害扩散传播。

3. 棚室消毒

一般用药剂熏蒸法，可选用药剂有生物熏蒸剂和烟雾剂。

①生物熏蒸剂。选用 20％辣根素水乳剂 1 升/亩，使用常温烟雾施药机或喷雾器均匀喷施于棚室内部；或将 20％辣根素水乳剂 1 升/亩加入施肥罐，通过滴灌系统随水均匀滴于土壤表面。施药后密闭棚室 3～5 小时，再敞气 1 天即可定植。施肥装置选用压差式或文丘里式，施药前先用清水将药剂稀释混匀，再将稀释液倒入施肥罐中。施药后需用清水冲洗管道，防止设备腐蚀。

②烟雾剂。杀虫剂选用 15％敌敌畏烟剂 600 克/亩、22％敌敌畏烟剂 400克/亩、10％异丙威烟剂 400 克/亩或 20％异丙威烟剂 300 克/亩，杀菌剂选用 10％百菌清烟剂 800 克/亩、40％百菌清烟剂 200 克/亩、10％腐霉利烟剂 300克/亩、15％腐霉利烟剂 333 克/亩或 25％腐霉·百菌清烟剂 250 克/亩，施药时多点布放且布点均匀。出烟后迅速离开，以防中毒。施药后密封 4 小时以上，翌日待打开通风放烟后方可进入。施放烟雾时要避开作物及易燃物品，将烟放置于过道用砖头或石头垫起（不可用木块），或用铁丝将烟剂支离地面20～40 厘米。施药时应穿戴口罩和手套。

4. 种子处理技术

（1）非药剂处理技术。包括干热处理、温汤浸种、酸处理、碱处理。

①干热处理。将需要干热处理的种子放在 70℃的干燥箱中处理 3～4 天。需注意以下三点：一是种子含水量应控制在 5％以下，否则影响种子活力；二是应在播种前进行处理，灭菌后的种子不易储存；三是处理过程中需保证种子受热均匀。例如，干热处理对瓜类黄瓜绿斑驳花叶病毒（CGMMV）病等种传病毒病有良好防治效果。

②温汤浸种。温汤浸种具有经济、简便、省时省力等优点，需要用到的工具包括盆、温度计及热水。先将种子放入 55℃温水中，不断搅拌 15 分钟，自

然冷却降温后，浸种 4～6 小时；或直接采用 55℃ 温水浸泡种子，不断搅拌，随水温降低不断加入热水，使水温稳定在 53～56℃，共浸种 15～30 分钟，搅拌时需顺着一个方向。

③酸处理。将需要酸处理的种子浸泡于 0.1％稀盐酸、稀醋酸、稀柠檬酸溶液中 15～20 分钟，边浸泡边搅拌（顺着一个方向），浸泡后用清水洗净，将种子表面残留酸清洗干净。

④碱处理。将需要碱处理的种子浸泡于 10％磷酸三钠溶液或 2％氢氧化钠溶液 40～60 分钟，边浸泡边搅拌（顺着一个方向），浸泡后用清水洗净。

（2）药剂处理技术。包括药剂拌种、药剂浸种。

①药剂拌种。用 75％百菌清可湿性粉剂、70％代森锰锌可湿性粉剂等药剂拌种，用药量为种子重量的 0.2％，使每粒种子均匀黏附一层药剂，通常在播种前现用现拌。

②药剂浸种。用 50％多菌灵可湿性粉剂等药剂兑水稀释成一定浓度，将种子浸入药液中 1 小时，然后用清水冲洗，晾干种子表面水分后，再进行播种。需要恰当控制所选药剂的品种及其浓度、浸泡时间和浸泡温度等影响浸种处理效果和可能造成药害的重要因素。

5. 物理防治

（1）防虫网覆盖。适用于保护地生产的甜瓜。在大棚通风口、进门处铺设 30 目防虫网，可防止有翅蚜、斑潜蝇、粉虱等飞行害虫进入棚室。

（2）色板诱杀。苗期和定植后，害虫发生前期至初期，悬挂黄板诱杀有翅蚜、粉虱成虫、斑潜蝇等害虫；悬挂蓝板诱杀蓟马成虫。苗棚内以色板底边高出瓜苗顶端 5～10 厘米为宜；在生产棚室或露地以高出 20 厘米左右为宜。①监测：每亩设置中型板（25 厘米×30 厘米）15 块左右；②防治：每亩设置 25～30 块。色板粘满害虫时需及时更换，并妥善处理。

（3）杀虫灯诱杀。在瓜绢螟和鳞翅目害虫成虫盛发期安装杀虫灯或黑光灯可诱杀成虫，降低落卵量。

（4）信息素诱剂。悬挂商品化的专用性信息素性诱剂，诱杀雄虫，减少产卵量，降低虫口数量。

6. 生物防治

（1）病害生物防治。白粉病发病初期可选用解淀粉芽孢杆菌、枯草芽孢杆菌可湿性粉剂和木霉菌制剂防治，每 5～7 天喷药 1 次，喷药次数视病情而定；猝倒病、立枯病和枯萎病可采用哈茨木霉菌、寡雄腐霉、枯草芽孢杆菌制剂、链霉菌制剂及 80％乙蒜素进行叶面喷施或者灌根。

（2）虫害生物防治。

①生物农药。防治蚜虫、蓟马、粉虱和斑潜蝇，可选用除虫菊素600倍液、鱼藤酮600倍液及矿物油200倍液进行叶面喷施；种群数量大时，可连续施药3次，每次间隔3～7天，叶片正面、背面及茎秆需均匀着药，以便药液能够充分接触到虫体。防治鳞翅目害虫可选用苏云金杆菌、乙基多杀菌素进行防治。地下害虫可选用白僵菌、绿僵菌制剂进行防治。

②生物天敌。保护地生产时，防治蚜虫、蓟马、粉虱和斑潜蝇可应用异色瓢虫、东亚小花蝽、捕食螨和烟盲蝽防治。鳞翅目害虫可应用寄生蜂防治，螟黄赤眼蜂在害虫卵初期放蜂量为0.5万～1万头/（亩·次），卵始盛期放蜂量1.5万～2万头/（亩·次），共释放2～3次，每次放蜂间隔5～7天；松毛虫赤眼蜂在害虫卵初期亩放蜂量一般一次4万～6万头，共放蜂3～5次，每次放蜂间隔5～7天。

7. 化学防治

（1）病害化学防治。

①枯萎病。利用多菌灵进行苗床消毒和利用溴甲烷、棉隆等进行土壤熏蒸处理可有效防治甜瓜苗期枯萎病。三氯硝基甲烷可以替代溴甲烷用于土壤熏蒸，采用该药剂进行滴灌处理可有效防治枯萎病。苯菌灵灌根处理能够明显降低植株根茎上病原菌的数量，有效减轻枯萎病的发生。多菌灵拌种处理或多菌灵与噁霉灵混合使用可有效防治枯萎病。此外，用种衣剂处理种子能有效提高出苗率，降低枯萎病的发病率。

②白粉病。采用4%四氟醚唑水乳剂2.7～4克/亩，也可采用30%醚菌酯和啶酰菌胺合剂悬浮剂13.5～18克/亩、42.4%吡唑醚菌酯和氟唑菌酰胺合剂悬浮剂5～10克/亩、80%苯醚甲环唑和醚菌酯合剂可湿性粉剂8～12克/亩等药剂进行喷雾。

③灰霉病。采用42.4%吡唑醚菌酯和氟唑菌酰胺合剂悬浮剂10～15克/亩、20%嘧霉胺悬浮剂30～36克/亩、50%腐霉利可湿性粉剂25～50克/亩等药剂进行叶面喷雾。

④霜霉病。可选用60%吡唑醚菌酯和代森联合剂的水分散粒剂60～72克/亩、18.7%吡唑醚菌酯和烯酰吗啉合剂的水分散粒剂14～22.3克/亩、30%烯酰吗啉和嘧菌酯合剂的水分散粒剂15～21克/亩、75%苯酰菌胺和代森锰锌合剂的水分散粒剂75～112.5克/亩防治。

⑤根结线虫病。10%噻唑膦颗粒剂1.5千克/亩拌土均匀撒施、沟施或穴施，或0.5%阿维菌素颗粒剂18～20克/亩拌土撒施、沟施或穴施，或5%丁

硫克百威颗粒剂 0.25～0.35 千克/亩拌土撒施，或 3.2％阿维·辛硫磷颗粒剂 0.3～0.4 千克/亩拌土撒施。

⑥蔓枯病。防治效果较好的药剂有 40％双胍三辛烷基苯磺酸盐可湿性粉剂 800～1 000 倍液、24％双胍·吡唑酯可湿性粉剂 1 000 倍液、22.5％啶氧菌酯悬浮剂 35～45 毫升/亩、24％苯甲·烯肟菌悬浮剂 30～40 毫升/亩、40％苯甲·吡唑酯悬浮剂 20～25 毫升/亩、35％氟菌·戊唑醇悬浮剂 25～30 毫升/亩、43％氟菌·肟菌酯悬浮剂 15～25 毫升/亩、60％唑醚·代森联水分散粒剂 60～100 克/亩、45％双胍·己唑醇可湿性粉剂 1 500～2 000 倍液、325 克/升的苯甲·嘧菌酯悬浮剂 30～50 毫升/亩、560 克/升的嘧菌·百菌清悬浮剂 75～120 毫升/亩、60％唑醚·代森联水分散粒剂 60～100 克/亩等。

⑦炭疽病。可选用 250 克/升吡唑醚菌酯乳油 15～30 毫升/亩、10％苯醚甲环唑水分散粒剂 65～80 克/亩、250 克/升嘧菌酯悬浮剂 830～1 250 倍液、22.5％啶氧菌酯悬浮剂 40～50 毫升/亩、80％代森锰锌可湿性粉剂 125～187.5 克/亩、70％甲基硫菌灵可湿性粉剂 40～50 克/亩、40％苯甲·啶氧悬浮剂 30～40 毫升/亩、30％吡唑醚菌酯·溴菌腈水乳剂 50～60 毫升/亩、325 克/升苯甲·嘧菌酯悬浮剂 30～50 毫升/亩、25％咪鲜·多菌灵可湿性粉剂 75～100 克/亩、560 克/升嘧菌·百菌清悬浮剂 75～120 毫升/亩、75％肟菌·戊唑醇水分散粒剂 10～15 克/亩、80％福·福锌可湿性粉剂 125～150 克/亩等防治。

⑧果斑病。发病初期叶片喷施 77％氢氧化铜可湿性粉剂 1 500 倍液；或 47％春雷·王铜可湿性粉剂 500～600 倍液；或 20％异氰尿酸钠可湿性粉剂 700～1 000 倍液，或 50％琥胶肥酸铜（DT）可湿性粉剂 500～700 倍液。每隔 7 天喷施 1 次，连续喷 2～3 次，可有效控制病害的发生和传播，但开花期不能使用，否则影响坐瓜率，同时药剂浓度过高容易造成药害。田间施药时铜制剂与其他药剂尽量轮换使用，既可提高药剂使用效果，又可降低抗药性。

⑨病毒病。病毒病发病初期喷施 6％寡糖·链蛋白可湿性粉剂 75～100 克/亩，或 20％吗胍·乙酸铜可湿性粉剂 167～250 克/亩，或 5％氨基寡糖素水剂 86～107 毫升/亩，或 2％香菇多糖水剂 34～42 毫升/亩，或 2％宁南霉素水剂 300～417 毫升/亩，或 50％氯溴异氰尿酸可溶粉剂 45～60 克/亩。每 7～10 天喷 1 次，连续喷 2～3 次。

（2）虫害化学防治。

①蚜虫。选用 70％吡虫啉水分散粒剂 1.5～2 克/亩，或 0.12％噻虫嗪颗粒剂 30～50 千克/亩，或 5％啶虫脒微乳剂 20～40 毫升/亩，或 20％氟啶虫酰

胺水分散粒剂 15～25 克/亩，或 50％抗蚜威水分散粒剂 12～20 克/亩，或 50％吡蚜酮可湿性粉剂 2 000～3 000 倍液，或 50 克/升双丙环虫酯可分散液剂 10～16 毫升/亩，或 75％吡蚜·螺虫酯水分散粒剂 10～12 克/亩，18％氟啶·啶虫脒可分散油悬浮剂 9～13 毫升/亩，50％氟啶·吡蚜酮水分散粒剂 15～20 克/亩，4％阿维·啶虫脒微乳剂 15～25 毫升/亩等药剂进行叶面喷雾防治。用药时要注意叶正叶背用药均匀，达到良好防治效果。也可以选择 15％异丙威烟剂 250～350 克/亩，进行烟剂熏蒸。

②叶螨。可选用 30％乙唑螨腈悬浮剂 3 000～6 000 倍液，或 15％哒螨灵乳油 2 250～3 000 倍液，或 12.5％阿维·哒螨灵可湿性粉剂 1 500～2 500 倍液，或 18％阿维·矿物油乳油 3 000～4 000 倍液，或 22％噻酮·炔螨特乳油 800～1 600 倍液防治。

③蓟马。可选用 40％呋虫胺可溶粉剂 15～20 克/亩，21％噻虫嗪悬浮剂 18～24 毫升/亩，2％甲氨基阿维菌素苯甲酸盐微乳剂 9～12 毫升/亩，10％啶虫脒乳油 15～20 毫升/亩，10％溴氰虫酰胺可分散油悬浮剂 33.3～40 毫升/亩，240 克/升虫螨腈悬浮剂 20～30 毫升/亩，5％阿维·啶虫脒微乳剂 15～20 毫升/亩，30％呋虫·噻虫嗪悬浮剂 2 000～3 000 倍液及 40％氟虫·乙多素水分散粒剂 10～14 克/亩等防治。

④粉虱。可选用 25％的扑虱灵可湿性粉剂 2 500 倍喷雾；25％噻虫嗪水分散粒剂 4～8 克/亩，或 40％螺虫乙酯悬浮剂 12～18 毫升/亩，或 60％呋虫胺水分散粒剂 10～17 克/亩，或 10％吡虫啉可湿性粉剂 1 000 倍液，或 75 克/升阿维菌素·双丙环虫酯可分散液剂 45～53 毫升/亩。

⑤瓜绢螟。三龄幼虫出现高峰期前（即幼虫尚未缀合叶片前），可选用 19％溴氰虫酰胺悬浮剂 2.6～3.3 毫升/米^2（苗床喷淋），或 5％氟啶脲乳油 1 000 倍液，或 15％茚虫威悬浮剂 3 500 倍液，或 10％溴氰虫酰胺可分散油悬浮剂 1 500 倍液，或 5％氯虫苯甲酰胺悬浮剂 1 000 倍液等微毒、低毒化学药剂防治。

⑥鳞翅目类害虫。可选用 10％溴氰虫酰胺可分散油悬浮剂 19.3～24 毫升/亩，5％氯虫苯甲酰胺悬浮剂 30～60 毫升/亩，25％甲维·虫酰肼悬浮剂 40～60 毫升/亩，10％溴虫腈悬浮剂 1 500 倍液等药剂进行叶面喷雾。

八、产后设备

（一）采运工艺与装备

采收和运输是甜瓜生产中较为费时、费工、费力的环节，通过机械化手段解决运输问题可较大程度降低人工作业强度，提高作业效率。智能采运平台采用北斗和 GPS 导航系统，通过互联网、物联网技术融合，实现甜瓜采收后的自动运输。该机采用锂电技术，满电续航 4 小时左右，载重可达到 250 千克以上，环保作业的同时省工省力。同时也配备了手动遥控、自动跟随、定点巡航 3 种作业模式，手动遥控模式由专人操作控制手柄，控制机器在棚内与卸车点的转运作业；自动跟随模式通过机身前后安装的图像识别摄像头可在 1～6 米范围内跟随作业人员前进完成装载作业，当机身与作业人员距离 1 米内，机器自动停止运行，保证了作业人员安全；定点巡航模式通过内置的导航系统，在作业路线上打点定线，形成固定运行线路，实现无人控制自动运转。机身安装碰撞防护装置，内置碰撞传感器，防撞条碰到异物时自动停止并报警，保证了作业安全。

（二）废弃物处理工艺与装备

残秧如何处理是甜瓜产后废弃物难以利用处理的突出问题，目前多以离田集中销毁的方式解决。使用残秧粉碎还田机将甜瓜残秧粉碎后直接还田，该设备利用拖拉机提供动力，通过灭茬刀片将瓜秧打碎埋入土中，同时加施药剂，目前以棉隆为主，亩施用量 15～25 千克，粉碎还田深度 15～25 厘米，作业后土表覆盖专用膜，利用高温熏蒸 7～15 天，熏蒸后需打开专用膜及通风口进行散味，可有效杀灭土壤中的根结线虫、病菌等病虫害，提高了土壤有机质含量，打破了甜瓜种植的连作障碍，实现甜瓜残秧的"原位还田"再利用。

（三）分级分选工艺与装备

分级分选是甜瓜作为商品销售产后加工的重要一步，精准分级可有效简化人工称重的繁杂过程，大幅降低人工劳动强度。将分级分选机应用于中大型甜瓜销售主体，该设备包括控制部分、称重传送部分和托果盘，控制部分通过电脑设置作业参数，采用触摸式操作屏，手动设置分选区间、运行速度；称重传送部分搭载光电称重传感器；托果装置独立计重，每一分级区间设置弹射装置，通过电脑记录，在对应区间将托果盘弹起翻倾，可实现自动称量自动分级。称量误差可控制在 ±10 克，分选精度较高，效率可达到 1 500～3 000 个/小时，相较人工作业，效率大幅度提升，同时也可减少人工投入，实现高质高效分级分选。

第五部分

主要茬口优质高效栽培技术

一、日光温室厚皮甜瓜优质高效栽培技术

厚皮甜瓜种类繁多，外形美观、含糖量高、口感细腻、品质好，深受广大消费者欢迎。不同类型厚皮甜瓜生长周期、栽培特点各不相同，目前市场上较受欢迎的厚皮甜瓜有一特白、一特金、伊丽莎白、都蜜5号等。日光温室茬口一般为12月下旬至翌年1月初育苗，1月底至2月初定植；春大棚茬口一般为2月下旬至3月上旬育苗，3月下旬至4月上旬定植。

(一) 品种选择

伊丽莎白甜瓜是早熟高档小型甜瓜品种，全生育期90～95天，成熟期32天左右，果实圆球形，黄色，外观美丽有光泽，极易坐瓜，果实整齐度好，单瓜重1.5～2.0千克，果肉软糯，中心可溶性固形物含量在15%左右，纤维少，风味佳。

(二) 培育壮苗

选择保温性能好、透光率高的日光温室育苗，根据定植时间确定育苗时间，采用50孔穴盘育苗。春季苗龄30～35天，茎秆粗壮、叶片深绿、3叶1心、无病虫危害的幼苗即为壮苗。

(三) 种子处理

把种子放入55～60℃的温水中浸泡，同时要不停地搅动，保持水温在30℃，然后再浸4～6小时，用清水洗净捞出，用纱布包裹保湿，放在30℃催芽箱里催芽24～36小时，待80%露白即可播种。

(四) 播种

采用 50 孔穴盘播种育苗，草炭∶蛭石∶珍珠岩体积比为 2∶1∶1，上面覆盖 1 厘米厚的蛭石，浇透水，上面覆盖 1 层白色薄膜保湿保温，待种苗出土露头，打开薄膜，防止烤苗或幼苗徒长。

(五) 苗期管理

(1) 温湿度管理。出苗前白天温度 28～30℃，空气相对湿度 90%；出苗 60% 以上时揭去地膜，关闭地热线，白天温度 23～28℃，夜间温度 15～18℃，直至第 1 片真叶长出；第 1 片真叶长出至定植前 10 天，棚内温度白天 25～28℃，夜间 15～18℃；定植前 10 天逐渐降低棚内温度，白天 20～23℃，夜间 14～16℃，控肥控水，进行炼苗。

(2) 肥水管理。育苗期间保证水分均衡供应，根据天气情况、幼苗长势和基质墒情来浇水。若使用育苗专用基质，育苗期不需再追肥；若自行配制基质没加入肥料，前期基本不追肥，在有 2 片真叶时开始追肥，随水追施全水溶平衡肥 (19-19-19)，隔一水冲施一次。育苗期叶面喷肥 2～3 次，可采用磷酸二氢钾 500 倍液喷施。

(六) 施肥与定植

(1) 施肥。将前茬的残株、落叶清出棚外进行无害化处理，然后亩施腐熟羊粪 2 000 千克、有机饼肥 500 千克，均匀撒施，其中饼肥在机械做畦的时候撒到畦面部分。

(2) 做畦。精细整地，深翻 30 厘米以上，整平整细后做畦，按照 1.5 米的间距做高出地面 20 厘米的高畦，畦面宽 80 厘米，畦沟宽 70 厘米。采用大小行的种植方式，大行间距 100～110 厘米，小行间距 40～50 厘米；畦面耙平，铺滴灌带，并用银灰色的地膜覆盖。

(3) 定植。一般提前 15 天扣膜提温，早春季节棚内最低气温稳定在 10℃以上、10 厘米地温稳定在 12℃以上可以定植，选择 "冷尾暖头" 的时机在晴天定植。种植密度为 2 200～2 500 株/亩，平均行距 75 厘米、株距 35 厘米。定植前用 "精甲霜灵·咯菌腈＋嘧菌酯＋赤·吲乙·芸可湿性粉剂＋噻虫嗪" 按照使用倍数稀释蘸根预防土传病害和蛴螬。定植时要选择大小一致的壮苗定植，定植以后及时浇水，用水量 25 米³/亩。

（七）田间管理

（1）温度。定植后 1 周内一般不放风，超过 35℃放风，缓苗期温度白天 25～28℃，夜间不低于 15℃，注意放风降温；伸蔓期温度白天 27～32℃，夜间不低于 16℃；坐瓜期温度白天 25～32℃，夜间不低于 18℃；膨瓜期温度白天 28～32℃，夜间 15～18℃。

（2）光照。全生育过程保持良好的光照，充足的光照才能保证品质和产量达到理想目标。注意成熟期如果温度太高、光照太强、棚内温度超过 35℃，需要用白色遮阳网进行遮光降温。

（八）水肥管理

定植时候浇透定植水，开始缓苗后，新叶逐渐长出；伸蔓前基本不浇水，待植株长到 8～10 片真叶时，结合浇水冲施 1 次平衡肥；膨瓜期结合浇水冲施 1 次富含黄腐酸、氨基酸、菌体蛋白等物质的全水溶性肥料；瓜成熟前 7～10 天停止浇水冲肥，有利于糖分的积累，提高甜瓜品质。

（九）植株调整

甜瓜一般从第 10 至 12 节位开始留坐瓜枝，10 节位以下的侧枝及时去除，10 节位以上开始授粉，同时去除 10 节以上坐瓜枝顶尖，雌花位置留 1～2 片叶即可；植株长到 25～30 片打尖，顶部留一侧芽。

（十）授粉

（1）蜜蜂授粉。待 50％的甜瓜植株第 1 雌花开放时于傍晚将蜂箱放入棚室，等蜜蜂安静后打开巢门。授粉适宜温度为 18～30℃。坐瓜后及时疏瓜，选留整棚大小一致的第 2 至 3 个幼瓜，每株留 1 个瓜。

（2）人工授粉。待第 2 个幼瓜开始开花，于 8～10 时授粉，这个时候的花粉活性最高，容易坐瓜，每株留 1 个瓜。

（3）挂牌。从授粉的当天开始算起，记录授粉日期，授粉瓜柄上挂 1 个小的记号牌，可通过在上面记录日期或使用不同颜色的记号牌来区分授粉日期，方便后期采收。

（十一）病虫害绿色防控

（1）物理防治。挂 40 厘米×25 厘米的黄板 30 张/亩，高度在植株上方

30～50 厘米，可诱杀蚜虫、白粉虱成虫等；门口、风口用防虫网防虫。

（2）生物防治。释放丽蚜小蜂来降低蚜虫、白粉虱的虫口基数。

（3）化学防治。主要用 4.43% 戊唑醇 2 000 倍液进行叶面喷施，每个生育周期使用 1 次，防治白粉病以及蚜虫、白粉虱等病虫害；用 25% 噻虫嗪 3 000 倍液进行叶面喷施，每个生育期使用 2 次，用于防治白粉虱。

（十二）成熟采收

甜瓜坐瓜节位叶片干枯，瓜蒂略收缩，瓜柄茸毛开始脱落稀疏，果脐略凹，表明甜瓜已成熟。采收时留 2～3 厘米的瓜柄。早春日光温室厚皮甜瓜一般 4 月底至 5 月初上市，价格在 7 元/千克，每亩产量一般在 3 500～4 000 千克，收入 24 500～28 000 元/亩，成本投入 14 500 元/亩，净收入 10 000 元以上。

二、日光温室网纹甜瓜优质高效栽培技术

网纹甜瓜美观独特，网纹酷似浮雕，外观艺术感强，果肉品质好，有食蜜之感，又不甜腻，果实富含 B 族维生素、维生素 C 及氨基酸、葡萄糖等人体所需要的营养成分，素有"健康果王"之美称，近年来在北京、上海、山东等省份种植面积不断扩大。其果实发育期较长，一般在 50～55 天，因此较适宜早春日光温室吊蔓种植。

（一）品种选择

网纹甜瓜外观粗网纹凸起，根据肉色不同，分为橙红色果肉系列和浅绿色果肉系列。果形圆整，单瓜重 1.5～2 千克，单株单瓜，主要品种有阿鲁斯、维蜜、比美以及帕丽斯等。

（二）播种、育苗

播种前种子用温水浸种，催芽后采用 50 孔穴盘育苗，春季应保持苗棚温度在 25～28℃，苗期要特别注意幼苗徒长和立枯病、猝倒病的发生。春季苗龄在 30～35 天，秋季为 15～18 天。

（三）整地做畦

每亩用腐熟的有机肥料 4 000 千克，翻拌均匀后做畦。畦宽 1.4～1.5 米，畦高约 20 厘米。做完畦后，在畦的表面铺设微喷带，然后盖上黑色地膜，以

保持土温，防止杂草生长以及提高水肥施用效率。

(四) 定植

当幼苗长至 2 叶 1 心或 3 片真叶时，选择在晴天气温高时定植。每畦种两行，株距春季为 40～45 厘米、秋季为 45～55 厘米。定植后要浇足定根水。春季遇低温天气要注意加用小拱棚保温。

(五) 田间管理

(1) 绑蔓。当甜瓜植株长至 5 片真叶开始伸蔓时，进行绕秧吊蔓，在畦的上方沿甜瓜株距方向依次垂好吊蔓绳，吊蔓绳可用一根竹竿将其下端插入土中固定，防止系捆在植株上对植株造成损伤。吊蔓绳垂好后根据甜瓜生长不断绑蔓。

(2) 整枝。网纹甜瓜主要采用主蔓整枝、侧蔓结果的方法。通常只留 12～17 节的侧蔓，12 节位以下侧蔓全部去除。当侧蔓的第 1 节长出结实花时，应及时摘心，原则上每株只留一个瓜。当主蔓长到 1.8 米、真叶 24 片左右时摘心，摘心时留活尖。整枝应选择在晴天进行，可用小刀或剪刀剪割。主蔓摘心前后，可逐渐将基部以上的子叶和 3～5 片的真叶摘除，以增强通风和透光，减少病害发生。

(3) 人工授粉。不管花期是阴雨天气或者晴天，都应进行人工辅助授粉。授粉时可用毛笔作为授粉工具；有条件的地方亦可在温室周围放养蜜蜂，加强异花授粉。当甜瓜果实长到鸡蛋大小时，可用铁线做成的小弯钩，挂在瓜柄上，再用尼龙线做引线系在纵向铁线上，可起到吊瓜的良好效果。

(4) 肥水管理。定植地块中，除了施足腐熟的有机肥外，还应在苗期配合追施速效肥，以满足幼苗生长发育的需要，追肥一般以平衡肥为主，应做到少量多次、薄肥多施，以增强植株的抗逆性。有条件的地方可用腐熟的豆饼肥或菜籽饼肥随水浇施 2～3 次，效果更好。

应严格控制各时期的灌水。不同时期的土壤持水量不同，具体为：定植至缓苗 80%；缓苗至坐瓜 65%～70%；膨瓜期 80%～85%；成熟期 55%～60%。

浇定植水的水量不用太大。缓苗后 10 天左右进入伸蔓期，伸蔓期浇中等水量的水，促进其伸蔓生长；25～30 天即进入花期，在及时整枝的同时浇花前水，水量中等，花前水不能浇得太晚，如客花期浇水易导致落花，影响坐瓜。

果实膨大期是甜瓜一生中需水量最多的时期，因此，膨瓜水要浇足。浇水时间应是绝大多数植株都已坐瓜，瓜如鸡蛋大小，已经疏果、定果后。果实停止膨大后应控制浇水，收获前10天停止浇水。

浇水宜在早晚进行，忌大水漫灌，淹没高畦，浸泡植株。浇水后应及时喷药防病。为降低空气湿度，减少病害，除及时放风外，保护地栽培时宜采用膜下浸润灌溉或滴灌。

（5）温度管理。苗期温度一般掌握在20～24℃，超过这一温度要注意打开边门通风。生长前期的温度要求不很严格，一般掌握在24～35℃为好。生长后期的温度管理比较严格，一般在两次网纹形成和两次果实膨大的过程中，温度必须在35℃左右；此时，如遇阴雨天气，必须加强保温。

（六）病虫害防治

苗期的猝倒病和立枯病主要发生在齐苗后、子叶生长阶段。防治方法多采用药剂浸种后催芽，并在播种后进行营养土消毒处理等，可用70%甲基硫菌灵可湿性粉剂1 000倍液，将装入营养钵的营养土浇湿浇透。出苗后将温度控制在生长适温条件下，保证充足的光照和通风，就可起到防治效果。

病毒病主要是由种子或蚜虫传毒，应进行种子干热消毒和适当的床土消毒。在甜瓜生长时期，定期用吡虫啉、啶虫脒和噻虫嗪等农药防治蚜虫，也有很好的效果。

炭疽病主要发生在阴雨天气，阴雨天气外部光照不足，温室内的空气相对湿度偏大，最容易发生此病害，造成败叶现象。防治措施主要是在阴雨天气到来之前，喷洒噁酮·锰锌或噁酮·霜脲氰一次。

（七）适时采收

网纹甜瓜果实发育期较长，一般为55～60天，必须在果实充分成熟时采收。此时含糖量最高，风味最好。过早采收，影响品质；过晚采收，品质、风味很快下降，甚至会发生发酵，不耐贮运。根据运销远近、时间长短决定恰当的采收时间。外运商品瓜于成熟前3～4天，成熟度八成时采收，此时果实硬度高，耐贮运，在运销中达到成熟，也能保证质量。在正常情况下，果实变白、散发浓郁香味时即为采收适期。摘瓜应在早上或傍晚瓜温较低时进行，采收时须保留果柄前后各1节的侧蔓形成T形果柄，这是网纹甜瓜果实商品性的重要特征。摘瓜后应轻拿轻放，防止挤压，破坏其外观，暂时储存应选择遮阴、通风、低温、干燥处。

三、春大棚薄皮甜瓜优质高效栽培技术

薄皮甜瓜肉质松脆、味道甘甜、口感极佳，深受广大消费者的喜爱。本篇介绍北方地区春大棚薄皮甜瓜设施栽培技术。

（一）品种选择

优先选择耐低温、耐弱光、株型紧凑、结瓜集中、肉质细腻、香甜爽口、抗病、早熟高产的品种，比如京蜜10号、景甜5号、博洋9号等优良品种。

（二）整地施肥

选择土层深厚、疏松肥沃、有机质丰富、通气良好，前茬不是瓜类的肥沃沙壤土。定植前施足底肥，一般中等肥力每亩施充分腐熟的优质有机肥3 000～4 000千克、过磷酸钙50～80千克、速效肥15～20千克。基肥应深施垄底，翻耕深度30～40厘米，然后整地做高畦，生长期追肥1～2次。

（三）适时育苗

（1）育苗时间。春大棚薄皮甜瓜，一般都在早春露地不能播种的季节在温室或大棚内进行育苗，于2月上中旬（双覆盖的在1月下旬）播种，苗龄25～30天。

（2）育苗场地和建床。在温室、塑料大棚、阳畦等设施内均可育苗。选择专门的育苗用的营养基质，提前拌好多抗霉素、多菌灵等。播种前挑选具有本品种特征特性的饱满种子，播前2～3天晒种、消毒，然后浸种催芽，将种子放入常温水中浸种2～3小时，使种子充分吸水后沥水，把种子放在浸湿拧干的清洁湿布上，再把布的四边折起卷成布卷，布卷外用湿毛巾包好，在28～30℃恒温条件下待种子露白长至1～2毫米时，即可播种。

播种至出苗前（约5天），以控温仪管理苗床，严密覆盖，以防寒、增温、保湿为主，促出苗快而整齐。床温白天28～32℃、夜晚17～20℃。幼苗出土后撤除地膜。

（四）合理定植

（1）定植时间。待大棚内地面以下10厘米深处的土温稳定在15℃以上，苗龄25～30天，3～4片真叶长出时便可定植。北京地区一般在3月上中旬定植。

（2）定植密度。定植密度因品种、土壤、栽培形式、整枝方法不同而异。保护地大棚高畦栽培、单蔓整枝立架栽培的每亩栽 2 500 株左右（一般每亩保苗 2 300 株左右）；双蔓整枝立架栽培的每亩栽 1 000～1 200 株，主蔓 12～17 节留瓜，25～30 节打顶。

（3）定植方法。定植前 15～20 天先盖棚膜，密闭增温，棚内南北走向做高畦，畦面宽 80～100 厘米，沟宽 50～60 厘米，沟深 20 厘米。株距 33～35 厘米。定植穴深 15 厘米，双行定植。选晴天无风天气按大小苗分别定植。前一天给苗床喷水，浸透穴盘根坨，以防起苗时散坨，但起苗水不能浇太早，防止生新根、伤根。栽苗时用生物有机肥做底肥，同时每亩再施钾肥 20 千克，可大大提高甜瓜品质。为防止病菌和地下害虫，可放一些杀菌剂、杀虫剂，每穴灌药液 250 克。定植后进行浇水，浇透即可。

（五）田间管理

增温控湿、绑蔓整枝、辅助授粉、适时浇水、病虫防治是田间管理的关键技术。

（1）温度管理。薄皮甜瓜幼苗定植以后需要较高的温度，定植后大棚要密闭增温，白天棚内温度应稳定在 25～30℃，土盘温度应维持在 20℃，但晴天中午棚温超过 32℃时应揭膜通风；夜温不低于 20℃；促进迅速缓苗。开花坐瓜和果实膨大阶段，棚温仍须保持 28～30℃，夜晚棚温 15～18℃，地温 25～28℃。果实发育后期进入糖分转化阶段，外界气温已经上升，昼温 27～30℃，夜温 15～20℃，地温 23～25℃。此期夜晚可不盖棚或将大棚四周"围裙"撤掉，使棚温与外温接近，以增大昼夜温差（结瓜期昼夜温差维持在 10～13℃），利于果实糖分的积累。

（2）通风管理。定植初期，因棚内外温度相差很大，通风时只开中部通风口，有风天只开背风面的气口，风小时开迎风面口，无风时两面都打开，风大时少开或不开。总之，要根据天气情况灵活掌握。定植中后期，薄皮甜瓜植株由营养生长转入生殖生长，主蔓直伸架顶，进入旺盛生长期，及时补充二氧化碳可促进坐瓜和果实膨大，此时，要加大通风量，昼夜通风。在一天中，上午应稍迟通风，使大棚内温度迅速上升，以促进光合作用；夜间 21 时至翌日清晨 6 时，植株完全在黑暗中不进行光合作用，在这期间应在可能范围内降低温度，以抑制呼吸消耗。

（3）整枝技术。薄皮甜瓜整枝方法依品种、结果习性、栽培方式和栽培目的而定。整枝可控制营养体大小，调节营养生长和生殖生长的关系，使营养生长到一定时候，适当地向生殖生长过渡，及时开花坐瓜，如期获取高产。保护地栽培薄皮甜瓜采用吊蔓整枝法：单蔓整枝的主蔓长到20～25片叶摘心，在第8至17节子蔓上留瓜，瓜前留1～2叶摘心，每株留3～4个瓜，定瓜后，其余子蔓全部摘除；双蔓整枝的在幼苗4～5片真叶时摘心，选留两条健壮的子蔓生长，子蔓20～25片叶时进行摘心，子蔓第4节以内的孙蔓全部除去，选子蔓第5节以上孙蔓开始留瓜，每蔓留瓜3～4个，每株留6～8个瓜，孙蔓上留2～3叶摘心。整枝应结合理蔓，使枝叶合理，均匀分布，以充分利用空间，减少茎叶重叠郁闭，增强光合作用，减少病害发生。果实膨大后根据生长势摘心、疏蔓或放任生长。整枝应在晴天中午或下午气温较高时进行，伤口愈合快，减少病菌感染；同时，茎叶较柔软，可避免不必要的损伤；阴雨天不应进行整枝。

（4）授粉及留瓜。甜瓜属于雌雄同株异花作物。早春棚内甜瓜开花时气温较低，没有昆虫授粉，在自然条件下坐瓜率极低，为确保产量，大棚保护地栽培必须进行人工授粉或用生长调节剂处理。在预留节位的雌花开花时，采摘当天开放的雄花，去掉花瓣后将花粉均匀地涂抹在雌花柱头上，使柱头上有花粉即可，以促使坐瓜，并在坐瓜前一节处留1～2片叶摘心。上午10时以前授粉结实率最高。放蜂、使用生长素也可提高坐瓜率，但有时使用激素会影响品质。薄皮甜瓜一株上可结多个瓜，及时选留瓜是栽培中必不可少的措施。在幼瓜鸡蛋大小、开始迅速膨大时选留瓜，过早看不准优劣，过晚则浪费养分。选留幼瓜标准：在结果预备蔓中选大、圆稍长、颜色鲜嫩、对称性好、果柄较长且粗壮、果脐小的幼瓜。选留幼瓜可分次进行，未被选中的瓜全部摘除，然后浇膨瓜水。

（5）肥水管理。开花坐瓜后，视植株长势适当追肥，每亩随水冲施大量元素水溶肥10～15千克。生长期还可叶面喷施0.2%～0.4%磷酸二氢钾作根外追肥；幼苗期适当控制灌水；果实膨大期加大灌水量，果实停止膨大时需控制灌水；收获前10天停止浇水。浇水宜在早晚进行，切忌大水漫灌，淹没高畦，浸泡植株。浇水后应及时喷药防病。为降低空气湿度，减少病害，除及时放风外，保护地栽培时宜采用膜下浸润灌溉或滴灌。

（六）适时采收

当雌花开放后25～30天，甜瓜果实皮色鲜艳，花纹清晰，果面发亮，显现本品种固有色泽和芳香气味；果柄附近瓜面茸毛脱落；果顶近脐部开始发软时即应采收。一般选在早上或傍晚瓜温较低时进行采收，以清晨为好，剪留T

形果柄，瓜要轻拿轻放，防碰撞挤压，并随即装箱。暂不运走的瓜应放在遮阴、通风、干燥、低温处。早晨采收的瓜含水量高，不耐运输，因此，用于远运的瓜宜于傍晚采摘。采收应该适时，欠熟瓜品质差、糖度低、香气少；而过熟的瓜肉质变软，甜度亦降低，甚至开裂易烂。一般当地销售可采摘九成熟的瓜，而长途外运则应采摘八至九成熟的瓜；根据运销远近、时间长短决定恰当的采收时间。

四、日光温室草莓甜瓜高效套种栽培技术

草莓和甜瓜高效套种栽培是目前日光温室草莓甜瓜生产的一个重要方向，这种高效栽培方式能在有限的空间内创造出更高的经济效益。采用草莓、甜瓜套种栽培，打破了传统日光温室中单一栽培草莓的形式。在早春季节草莓收获将要结束时，垄间定植甜瓜，可再获得一次可观的经济收入，深受广大农民的欢迎。

（一）品种选择

草莓品种为当前北京草莓生产中的主栽品种，如红颜、章姬和甜查理，均可与甜瓜进行套种。

（1）红颜。植株生长旺盛，株型直立高大，叶色嫩绿，叶数少。匍匐茎偏弱。花茎粗壮，单株花序数3～5个，花量较少。休眠期短，极早熟品种，适于促成或半促成栽培，花穗大，花轴长而粗壮，花序抽生连续，结果性好，畸形果少。果形大，平均单果重15克左右。果实呈长圆锥形，表面和内部色泽均呈鲜红色，着色一致，外形美观，富有光泽。酸甜适口，可溶性固形物含量平均为13.8%，前期果与中后期果的可溶性固形物含量变化较小。硬度适中，耐贮运性好。香味浓，口感好，品质极佳。该品种较抗白粉病，但耐热、耐湿能力弱，易感炭疽病、灰霉病和叶斑病。

（2）章姬。果实长圆锥形、淡红色，个大畸形少，可溶性固形物含量9%～14%，味浓甜、芳香，果色艳丽美观，柔软多汁。第1级序果平均单果重40克，最大时130克，亩产2吨以上，休眠期浅，适宜作礼品草莓和近距离运销温室栽培。亩定植8 000～9 000株。

（3）甜查理。该品种单果重大，第1级序果平均单果重17克以上，单株结果平均达500克以上，每亩产量可达2 000千克以上。果实圆锥形，成熟后色泽鲜红，光泽好，美观艳丽。果面平整，种子稍凹入果面，肉色橙红，髓心

较小而稍空，硬度大，可溶性固形物含量高达 12% 以上，酸甜爽口，香气浓郁，适口性极佳。浆果抗压力较强，耐贮运性好。

甜瓜品种选择早熟、丰产、抗逆性强的薄皮或厚皮甜瓜品种，如博洋 9 号、京蜜 11 号、伊丽莎白等优质薄皮、厚皮甜瓜品种。

（二）茬口安排

北京地区草莓通常在 8 月下旬至 9 月上旬定植，一般 10 月下旬可升温，采果时间可从 1 月上旬一直延续到 5 月中旬。甜瓜先在温室苗棚育苗，3 月上中旬套种于草莓垄上，5 月上中旬至 6 月上旬成熟上市。

（三）栽培技术

（1）草莓栽培技术要点。

①整地、施肥和定植。草莓喜水喜肥，施足有机肥特别重要，在日光温室中，草莓定植前一般每亩施入腐熟优质有机肥 3 000～5 000 千克、饼肥 100 千克、硫酸钾 30 千克、尿素 10 千克。肥料均匀撒施后，深翻 30 厘米，耙平起高畦。一般行距 80～100 厘米，沟宽 20～25 厘米，畦高 25～30 厘米，畦以南北走向为宜。定植时每畦栽两行，行距 30～40 厘米，株距 15～20 厘米，三角形定植，每亩定植 8 000～10 000 株。定植时做到"深不埋心，浅不露根"。有条件的最好铺设滴灌管道，这样空气湿度小，病害发生率明显降低，有利于草莓的生长，也便于后期肥水管理。

②适时保温。防止矮化、适时保温是草莓促成栽培的关键技术，应掌握在腋花芽分化以后，植株进入休眠之前开始保温。当夜间气温降到 8℃ 左右时开始扣棚膜保温，第 1 次早霜到来之前保温较为适宜。扣棚保温后 10～15 天覆盖地膜。

③保温后温湿度控制。扣棚保温初期，白天温度控制在 25～28℃，夜温控制在 10～15℃；开花结果期，白天温度控制在 22～25℃，夜温控制在 8～10℃；果实膨大期，白天温度控制在 20～25℃，夜温控制在 6～8℃。扣棚后，视温室的温湿度情况，及时通风换气，使温室内尽量保持 40%～50% 的空气相对湿度。湿度对草莓开花授粉影响较大，湿度过大，草莓花药开药率和发芽率低，不能进行正常授粉受精，果实畸形果率增加。

④放蜂。授粉开花期在温室内放蜂进行授粉可以提高坐果率 15%～20%，降低畸形果率，明显提高产量。放蜂时风口要有防虫网，防止蜜蜂外逃。

⑤病虫害防治。棚室内常见病害有白粉病和灰霉病，虫害主要有蚜虫、红

蜘蛛等。白粉病和灰霉病可使用 50％醚菌酯干悬浮剂 2 500 倍液喷雾。

（2）甜瓜栽培技术要点。

①确定育苗时间。根据定植期往前推一个月即是合适播种期。在适宜播期内，可适当早播，一般苗龄 30～40 天，长出 3～4 片真叶时定植为宜。依据栽培草莓温室的环境状况（温度、光照条件和草莓生长情况）确定甜瓜适宜定植期，如北京地区日光温室草莓套种甜瓜的适宜定植期一般为 3 月中旬至 4 月上旬，育苗期则为 2 月中旬至 3 月上旬。

②培育壮苗。要播种的种子，需要精心挑选。催芽前要在阳光下晾晒 1～2 天，随后用 55℃左右的温水浸种约 15 分钟，并注意搅拌，水温自然冷却后再浸种 4～6 小时后捞出洗净；或用药液杀菌消毒处理，常用的药剂有高锰酸钾、甲基硫菌灵、多菌灵等，将药液浸过的种子用清水洗净，放在器皿中用湿毛巾盖好，置恒温箱中或热炕头上进行催芽，温度控制在 28～30℃，当幼芽露白时，温度降至 25℃左右，播种前降至床温。播种选晴暖天气上午，可选用营养钵或育苗营养块育苗。先在营养钵或营养块中心扎 1 小孔，然后把种子平放在内，胚根向下放在孔内。每个营养钵或营养块播 1 粒发芽的种子，随覆湿润营养药土 1～1.5 厘米厚，整畦播完后，立即紧贴床面盖 1 层地膜。

③定植。甜瓜苗于 3 月中下旬至 4 月上旬定植在草莓垄中间，株距 50～60 厘米。栽植深度以高出地面 1～3 厘米为度，浇足水。

（四）田间管理

（1）温度管理。甜瓜为喜温作物，每个生育期所需温度不同。甜瓜幼苗定植后需要较高的温度，白天温度应稳定在 25～30℃，夜温保持在 20～25℃，土温维持在 20℃最好；坐瓜前，昼温应稳定在 25～28℃，夜温保持在 18℃左右；果实成熟期白天温度 30℃左右。可结合草莓实际长势和结果情况，适当调整。

（2）水肥管理。甜瓜定植后要浇足定植水，之后可结合草莓的田间管理进行浇水施肥，一般情况下，不需专门针对甜瓜进行追肥。甜瓜坐瓜后 15～20 天须控制肥水。

（3）光照管理。要根据天气情况灵活掌握。冬春季节在保证棚内温度（15℃）前提下，尽量延长光照时间；清洁棚面，改善温室光照条件，最好每天采光 10 小时以上。阴天只要温度不是太低，应揭帘见光。

（4）吊蔓、整枝。京蜜 11 号薄皮甜瓜以子蔓和孙蔓结瓜为主，整枝时要灵活掌握。草莓套种甜瓜采用吊蔓栽培，单蔓整枝。吊蔓材料可选用细竹竿或塑料绳，6～7叶时支架，并开始绑蔓。整枝应掌握"前紧后松"的原则。主蔓不摘心，下部子蔓及早摘除，选中部10～15节的子蔓作结瓜预备，其余子蔓及时摘除；主蔓25～30片叶及时打顶。整枝应在晴天中午、下午气温较高时进行，伤口愈合快，减少病菌感染；同时，茎叶较柔软，可避免不必要的损伤；整枝摘下的茎叶应随时收集带出瓜地，阴雨天不应进行整枝。

（5）授粉及留瓜。授粉及留瓜技术同本书"第三部分　甜瓜关键栽培技术　四、授粉及成熟期管理"。定瓜后将结瓜枝用宽软的塑料绳吊起，向水平方向牵引，使结瓜枝与果梗呈T形，防止坠秧。

（6）病虫防治。应及时除草，定期熏棚打药，注意棚内通风，降低湿度，预防白粉病的发生，注意防治蚜虫，预防病毒病。

（7）做好标记，适时采收。在授粉后做好标记，记录授粉日期，适时采收。

（五）病虫害防治及注意事项

一是草莓灰霉病和甜瓜枯萎病都是很严重的病害，均以预防为主。灰霉病常用药剂有乙霉威、异菌脲等；预防枯萎病要做好土壤消毒，发病前采取灌根、喷药等措施，可用25％阿米西达和50％嘧菌环胺等进行防治。二是昼夜温度对草莓果实生长和成熟期影响较大。温度过高，成熟期会提前，但会影响草莓果实增大，降低产量；温度过低，成熟期延后，但产量会增加；这一点要注意，应依实际情况而定。三是保护地栽培甜瓜，因受早春气候及多方面因素的影响，坐瓜少和化瓜的现象发生较普遍。生产上应做到：人工授粉，加强开花期的温度和肥水管理，棚内温度不可低于25℃，不要大肥大水。防止化瓜还可采用激素处理，使用激素浓度一定不能超出使用说明书规定的剂量，否则会造成严重后果，甚至造成减产或绝收。

参 考 文 献

高鹏，万妍，张泰峰，等，2019. 基于 BSA 法的甜瓜果肉酸味相关性状主效 QTL 分析 [J]. 东北农业大学学报，50（4）：29 - 36.

郭丽霞，吴明珠，冯炯鑫，等，2015. 特色甜瓜酸甜味"风味"系列新品种选育 [J]. 新疆农业科学，52（6）：1027 - 1032.

康利允，赵卫星，高宁宁，等，2022. 网纹甜瓜新品种'兴隆蜜 6 号'[J]. 园艺学报，49（S2）：167 - 168.

李菊芬，林涛，张克岩，等，2022. 厚皮甜瓜新品种'明珠 4 号'[J]. 园艺学报，49（S1）：113 - 114.

李婷，李云飞，朱莉，等，2020. 设施甜瓜栽培与病虫害防治百问百答 [M]. 北京：中国农业出版社.

李云飞，朱莉，曾剑波，等，2019. 甜瓜设施栽培技术规程 [J]. 中国瓜菜，32（10）：88 - 89.

刘雪兰，等，2010. 设施甜瓜优质高效栽培技术 [M]. 北京：中国农业出版社.

王坚，等，2000. 中国西瓜甜瓜 [M]. 北京：中国农业出版社.

王毓洪，臧全宇，丁伟红，等，2012. 肉型甜瓜新品种甬甜 5 号的选育 [J]. 中国蔬菜（14）：105 - 107.

蔚玉红，卢小露，黄昀，等，2022. 网纹甜瓜新品种'华蜜 303'[J]. 园艺学报，49（S2）：165 - 166.

曾剑波，朱莉，李琳，等，2014. 北京地区西瓜甜瓜栽培技术现状综述 [J]. 中国瓜菜，27（5）：68 - 70.

张殿斌，范继巧，张治家，等，2020. 3 种土壤熏蒸剂对土壤及设施蔬菜的安全性评价 [J]. 中国植保导刊（14）：60 - 65.

张立民，解海岩，2022. 厚皮甜瓜新品种"雪酥 3 号"的选育 [J]. 北方园艺（11）：158 - 160，2.

张勇，马建祥，李好，等，2021. 厚皮甜瓜新品种'农大甜 9 号'[J]. 园艺学报，48（S2）：2869 - 2870.

朱莉，2014. 北京市西瓜甜瓜产业发展及消费需求 [M]. 北京：中国农业科学技术出版社.

朱莉，2015. 设施薄皮甜瓜优质高产栽培技术 [M]. 北京：中国农业科学技术出版社.

朱莉，曾剑波，李云飞，2017. 西瓜、甜瓜优质高产栽培技术 [M]. 北京：化学工业出版社.

附录 甜瓜设施栽培技术规程
（DB 11T/1570—2018）

1 范围

本标准规定了甜瓜设施栽培的产地环境条件、栽培技术、病虫害防治及采收等技术要求。

本标准适用于北京地区甜瓜设施栽培。

2 规范性引用文件

下列文件对于本文件的应用是必不可少的。凡是注日期的引用文件，仅所注日期的版本适用于本文件。凡是不注日期的引用文件，其最新版本（包括所有的修改单）适用于本文件。

NY/T 5010　无公害农产品　种植业产地环境条件

GB 16715.1—2010　瓜菜作物种子　第 1 部分：瓜类

NY/T 496—2010　肥料合理使用准则　通则

NY/T 1276　农药安全使用规范　总则

3 产地环境

应符合 NY/T 5010 的规定，宜选择地势高燥、排灌方便、土层深厚、疏松肥沃的沙壤土或壤土。

4 栽培技术

4.1 设施类型

栽培设施应为温室或塑料拱棚。

4.2 品种选择

宜选用优质、高产、抗病性和抗逆性强、商品性好的品种。砧木应选用亲和力好、抗逆性强、对果实品质无不良影响的品种。种子质量应符合 GB 16715.1—2010 的规定。

4.3　育苗与嫁接

4.3.1　育苗

4.3.1.1　育苗方式

宜选用穴盘育苗或营养钵育苗。穴盘规格宜为 50 孔或 72 孔，营养钵直径宜为 8～10 厘米、高度宜为 8～10 厘米。

4.3.1.2　营养土及基质准备

营养土宜使用未种过葫芦科作物的无污染园田土、优质腐熟有机肥配制，园田土与有机肥比例宜为 3：1，加磷酸二铵 1.0 千克/米^3、50%多菌灵可湿性粉剂 25 克/米^3，充分拌匀放置 2～3 天后待用；基质宜为无污染草炭、蛭石和珍珠岩的混合物，比例宜为 7：4：3，加氮磷钾平衡复合肥 1.2 千克/米^3、50%多菌灵可湿性粉剂 25 克/米^3，充分拌匀放置 2～3 天后待用。

4.3.1.3　育苗床准备

育苗床准备工作要求如下：

a）将育苗场地地面整平、建床。床宽宜为 100～120 厘米，深宜为 15～20 厘米；

b）刮平床面，床壁要直；

c）冬春季宜在床面上铺设 80～120 瓦/米^2 电热线，覆土 2 厘米，土上宜覆盖地布；

d）将穴盘、营养钵排列于地布上。

4.3.1.4　种子处理

未经消毒的种子宜采用温汤浸种或药剂消毒处理。

4.3.1.5　浸种与催芽

处理后的种子浸泡 4～6 小时后沥干，于 28～30℃恒温下催芽，待 70%～80%种子露白即可播种。包装注明可直播种子无需浸种与催芽。

4.3.1.6　播种

4.3.1.6.1　播种期

春季设施栽培宜于 12 月中旬至翌年 3 月中旬播种，秋季设施栽培宜于 7 月上旬播种。

4.3.1.6.2　播种方法

应按如下要求进行：

a）播种前一天，将营养土或基质浇透；

b）将种子平放后覆 1.0～2.0 厘米厚营养土或蛭石；

c）苗床覆膜保湿。

4.3.1.6.3　苗床管理

出苗前白天温度宜为 28～32℃、夜间温度宜为 17～20℃。子叶出土后应撤除地膜，并开始通风，白天温度宜为 25～28℃、夜间温度宜为 15～18℃。保持营养土或基质相对湿度应为 60%～80%。定植前 3～5 天进行炼苗。

4.3.2　嫁接

4.3.2.1　砧木育苗

接穗子叶出土至子叶展平时播种砧木种子。播种前浸种时间为 6～8 小时。砧木育苗方法参照 4.3.1.6.2～4.3.1.6.3。

4.3.2.2　嫁接方法

宜采用贴接法嫁接。

4.3.2.3　嫁接苗床管理

嫁接后前 3 天苗床应密闭、遮阴，保持空气相对湿度 95% 以上，白天温度宜为 25～28℃、夜间温度宜为 18～20℃；3 天后早晚见光、适当通风；嫁接后 8～10 天恢复正常管理。及时除去砧木萌芽。

4.4　定植

4.4.1　定植前准备

定植前每 667 米^2 施充分腐熟有机肥 3 000～4 000 千克或商品有机肥 1 000～2 000 千克、氮磷钾复合肥 40～50 千克，深翻、整平、起垄，垄高 15～20 厘米，铺设滴灌管，覆盖地膜。肥料使用应符合 NY/T 496—2010 的规定。

4.4.2　定植

幼苗 2 叶 1 心至 3 叶 1 心时定植。春季定植前地温应稳定通过 13℃、夜间最低气温应为 10℃ 以上。春季栽培 2 月上旬至 4 月中旬定植，秋季栽培 7 月下旬至 8 月上旬定植。吊蔓单蔓整枝栽培定植密度宜为 1 800～2 200 株/666.7 米^2。爬地多蔓整枝栽培定植密度宜为 800～1 000 株/666.7 米^2。

4.5　田间管理

4.5.1　温度管理

缓苗期白天气温宜为 30～35℃、夜温宜为 20℃ 以上；茎蔓生长期白天气温宜为 25～32℃、夜温宜为 14～16℃；授粉期白天气温宜为 22～28℃、夜温宜为 15～18℃；果实膨大期白天气温宜为 25～35℃、夜温宜为 15～18℃；果实发育后期白天气温宜为 28～30℃、夜温宜为 15～20℃。

4.5.2　水肥管理

4.5.2.1　灌溉

分别于定植期、缓苗期、伸蔓期各灌水 1 次，每次灌水量 6～8 米^3，果实

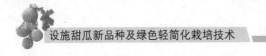

膨大期灌水 2～3 次，每次灌水量 15～20 米³，采收前 5～7 天停止灌溉。

4.5.2.2　追肥

在果实膨大期随灌水追施低氮高钾水溶肥每次每 667 米²5～8 千克，不宜使用含氯肥料。

4.5.3　植株调整

宜在晴天进行。吊蔓栽培宜采用单蔓整枝；爬地栽培宜采用多蔓整枝。单蔓整枝时，薄皮甜瓜单蔓整枝宜在主蔓 25 节至 30 节摘心，主蔓 7 节至 11 节的子蔓留第一批果，16 节至 20 节的子蔓留第二批果，每批留 3 果至 5 果，其余子蔓全部摘除；厚皮甜瓜主蔓 20 节至 25 节摘心，8 节至 14 节的子蔓坐果，每株留 1 果至 2 果，其余子蔓全部摘除；多蔓整枝时，甜瓜主蔓 4 叶 1 心时摘心，选留 3～4 条健壮子蔓，选留子蔓 6 节至 8 节摘心，子蔓 2 节至 4 节的孙蔓坐果，每蔓留 1～2 果，其余孙蔓及时摘除。

4.5.4　授粉

4.5.4.1　人工授粉

应上午授粉，采摘当天开放的雄花，去掉花瓣后将花粉涂抹在结实花柱头上，并做授粉日期标记。

4.5.4.2　蜂授粉

雌花开放前 2～3 天，每亩用熊蜂或蜜蜂一箱，蜂箱放置设施中部。

5　病虫害防治

5.1　农业防治

防治措施如下：

——实行 3～4 年倒茬轮作；

——合理整枝；

——通风降湿；

——采用膜下滴灌或膜下微喷；

——及时摘除病叶、病果。

5.2　物理防治

防治方法如下：

——晒垡冻垄；

——日光晒种；

——温汤浸种；

——使用防虫网；

—铺设银灰地膜；

—悬挂黄板等。

5.3 化学防治

宜在晴天上午进行喷雾防治，注意轮换用药，合理混用。应按照 NY/T 1276 的规定执行。

5.4 生物防治

利用捕食螨、丽蚜小蜂等天敌及生物农药进行相关病虫害防治。

6 采收要求

采收要求如下：

—根据授粉日期标记、品种熟性及成熟果实的固有色泽、花纹、香味等特征，确定果实的成熟度。就地销售的果实宜九成熟、清晨露水干后采摘；外埠销售的果实宜八至九成熟、傍晚采摘。

—厚皮甜瓜宜保留 T 形果柄。

图书在版编目（CIP）数据

设施甜瓜新品种及绿色轻简化栽培技术 / 攸学松，张莹，徐进主编. -- 北京：中国农业出版社，2024. 12. --（特色作物高质量生产技术丛书）. -- ISBN 978 -7-109-32755-9

Ⅰ. S627

中国国家版本馆 CIP 数据核字第 20240MM209 号

中国农业出版社出版

地址：北京市朝阳区麦子店街 18 号楼

邮编：100125

责任编辑：李 瑜 黄 宇

版式设计：杨 婧 责任校对：张雯婷

印刷：三河市国英印务有限公司

版次：2024 年 12 月第 1 版

印次：2024 年 12 月河北第 1 次印刷

发行：新华书店北京发行所

开本：700mm×1000mm 1/16

印张：6.5 插页：2

字数：118 千字

定价：28.00 元